ちくま新書

井上智太郎
Inoue Tomotaro

1718

金正恩の核兵器――北朝鮮のミサイル戦略と日本【目次】

本書に登場する人物の肩書は、断りがない限り、当時の肩書。関係国当局者や専門家の発言で出典がないものは筆者の取材です。

序　章

世界最速のミサイル開発

新型大陸間弾道ミサイル(ICBM)「火星17」の発射実験
(平壌国際空港、朝鮮通信=共同、2022年11月18日)

†イーロン・マスクと金正恩

「世界192カ国中115位の経済力で世界の構図を一変させた。北朝鮮は地球上のどの国よりも速く新たなミサイル、新たな能力、新たな兵器をつくっている」

米軍制服組ナンバー2の統合参謀本部副議長だったジョン・ハイテンの言葉だ。北朝鮮の弾道ミサイルと核兵器開発は日韓だけでなく米国を脅かすに至った。その急速な進展の背景についてハイテンは、金正恩（キムジョンウン）朝鮮労働党総書記が祖父の金日成（キムイルソン）主席や父の金正日（キムジョンイル）総書記と違ってミサイル発射実験で失敗しても技術者らを罰することなく柔軟に問題を解決している点にあると分析した。[1]

ハイテンは米空軍の技術将校出身。父はアポロ計画に使われたサターンVロケット開発に参加したといい、「私は生まれてこの方ずっとロケットやミサイルにかかわっているから、それがどういうものか知っている。もしミサイル開発を早く進めたいのなら、早くテストし、早く実際に飛ばし、早く学ぶことだ」。米起業家イーロン・マスクが創設したベンチャー企業「スペースX」が民間ロケットの発射実験で地上激突や爆発など失敗を繰り返しながらも、その失敗から学びスピード開発につなげていることを引き合いに出し、「北朝鮮はまさに同じことをやっている」と指摘した。

防衛省の集計によると、金正恩体制下での弾道ミサイル発射は２０１２〜22年の11年で１５０発超を数えた。18年間で16発の金正日体制と比べて段違いに増えた。核実験も弾道ミサイル発射実験も行わなかったのは初の米朝首脳会談が開かれた２０１８年だけだ。とりわけ22年の弾道ミサイル発射は59発に上り、このうちＩＣＢＭ級が7発。[2] いずれも過去最多で、世界を見回してもこれをしのぐ規模で発射実験や発射訓練を行っているのは中国以外にない。

北朝鮮のような貧しく孤立した国が核兵器をつくれるわけがない。水爆も衛星打ち上げも大言壮語だ――。国際社会は常に核への執着を過小評価し、甘い見積もりをことごとく裏切られてきた。北朝鮮が一方的に核保有を宣言した２００５年2月当時、筆者を含めて緊張を高めては支援を引き出そうとする金正日の「瀬戸際戦術」との見方が多かった。しかし北朝鮮はその後、計6回の核実験を強行。このうち4回は金正恩体制下で行われ、7回目の準備も終えたとされる。今世紀に入って爆発を伴う核実験を行ったのは北朝鮮のほかになく、国際社会はいつからか北朝鮮を事実上の核保有国として対処するようになった。

日本政府も２０２０年の防衛白書以来「北朝鮮は核兵器の小型化・弾頭化を実現し、これを弾道ミサイルに搭載してわが国を攻撃する能力を既に獲得したとみられる」と明記している。中国の軍事力増強もさることながら北朝鮮の核・ミサイル開発により日本を取り巻く安保環境はこの10年で一変した。

†「反撃能力」議論の内実

2019年2月の米朝首脳再会談決裂後、北朝鮮は弾道ミサイルの発射を再開。変則軌道で飛行する固体燃料ミサイルの開発を急進展させた。日本を射程に収めるミサイルに応用された場合、巨額を投じてきた現行のミサイル防衛（MD）による対処は一層困難となる。岸田文雄政権は22年12月、「国家安全保障戦略」など安保関連3文書を閣議決定し、「反撃能力」という名に変えて、相手領域内のミサイル発射基地などを破壊する敵基地攻撃能力の保有を明記した。「矛」は持たないとしてきた戦後政策の大転換である。ただ、政府や防衛当局者が敵基地攻撃能力の必要性を唱えるとき、その多くが念頭に置いている仮想敵国は北朝鮮ではなく中国だ。匿名を条件に話を聞けば、中国に対処するための防衛力整備に「北朝鮮の脅威」を利用してきたことを隠さない。しかし、日本を敵視し、国交もない独裁国家の隣国が核武装したという事実は重い。北朝鮮の核戦力は開発段階から配備段階に移行し、その軍事ドクトリンに組み込まれ始めている。

軍事的脅威の度合いは「能力×意図」、さらに一つ加えて「能力×意図×機会」のかけ算とも言われる。北朝鮮の核・ミサイル能力が進展しているのは確かだが、その実態は謎だらけだ。北朝鮮の核保有は米韓の攻撃を抑止し、独裁体制の維持を図ることが主な目的だと一般に理解されている。「核を使えば金正恩体制は一巻の終わり。だから使わない」との見方も多いが、はたしてそう言い切れるか。能力が高度化すれば意図は変わり得る。

国際政治学の泰斗グレアム・アリソンは米ソが核戦争の瀬戸際に立った1962年のキューバ危機を分析した著書『決定の本質』で「ありそうにないこと」と「あり得ないこと」はまったく別物だと喝破した。北朝鮮が日本を核攻撃する可能性はないのか、あるとしたらどのようなシナリオがあり得るのか、その機会を封じるにはどうすべきなのかは、日本の安全保障において正面から考えるべき現実的問題となっている。

本書の構成

第1章では北朝鮮がなぜ核兵器開発に着手し、いかにして高度化させてきたのかを探る。北朝鮮の核開発の時代背景としては大きく三つの転機があったと考えられる。①金日成に核開発を決断させた朝鮮戦争、②冷戦終結による体制不安と経済難を背景にした瀬戸際外交、③2000年代のイラク戦争とリビア内戦におけるフセイン、カダフィの死。そして、冷戦終結時に核兵器を手放したウクライナへのロシア侵攻は四つ目の転機となるのかもしれない。国連制裁と経済難に苦しむ独裁国家がどこから核・ミサイル開発の技術や材料、資金を調達しているのかについても考察する。

第2章、第3章ではトランプ米政権下に起きた米朝危機、そこから転じた史上初の米朝首脳会談の内幕を関係国当局者の証言や、トランプと金正恩の往復書簡を基に検証する。2017年の軍事的緊張は一般に知られるよりもはるかに深刻な一触即発の段階に達していた。金正恩とトランプ、そして文在寅(ムンジェイン)韓国大統領という特異な3人の個性が対話への劇的転換をもたらし、軍事衝突は回避されたものの、その後の米朝交渉で改めて明らかになったのは米朝間の隔たりの深さ、そして核・ミサイル問題だけを切り離して論じることのできる段階は過ぎたという厳しい現実だ。米国や日韓が唱える「検証可能な完全非核化」という目標は空洞化してしまったと言わざるを得ない。金正恩にとって「核保有国としての戦略的地位」は体制維持と切り離せず、内在化されている。

第4章では北朝鮮が実際に核を使う可能性があるのかという本書の最も核心的なテーマを扱う。核・ミサイル開発の進展に合わせ、北朝鮮の軍事戦略も変化している。兵器実験や軍事パレード、金正恩の演説などからその核ドクトリンを探り、核抑止が虚実ないまぜの心理戦であることを示す。実戦での戦術核使用の可能性を公言し始めた北朝鮮の核管理の危うさにも焦点を当てる。

第5章は米中、米ロ対立という大きな文脈の中で北朝鮮問題の位置付けを捉え直し、関係国がどう対応しようとしているのか現状を紹介し、日本の課題を探る。

†情報源

本書は主に、①北朝鮮の公式報道や政府発表、②各国政府や国際機関、シンクタンクの報告書などのオープンソース、③北朝鮮政府関係者や各国政府当局者、脱北者への直接取材や独自に入手した資料――の三つを基に執筆した。各国メディア報道について直接確認できないものの真実である蓋然性が高いと判断したもののほか、信憑性を判断する材料が不足しているものの事実であれば重要な意味を持つと判断した場合に限り引用した。

北朝鮮報道に携わって約20年になるが、「閉鎖国家」とも呼ばれる独裁国家の実像に迫るのは容易でない。テレビや新聞、雑誌、インターネットに北朝鮮関連の情報はあふれているが玉石混淆、検証不能なものも多い。ジャーナリズムでは「裏を取る」こと、複数のソースで確認するのが基本だが、北朝鮮に関して裏が取れるのは極めてまれである。ワシントンで聞いた話を東京やソウルで確認して書く、またその逆も多かったが、日米韓当局が同じ出所から話を聞いていたり、情報を共有したりすることも考えられ、必ずしも真実とは限らない。しかし複数のソースで確認が取れるのを待っていたら永遠にお蔵入りだ。そこで、情報源が1人または1組織であっても、信頼度が高く、かつ他の当局者や専門家の意見を聞いて矛盾がないと判断した内容も本書には盛り込んだ。また、米政府の公式の報告書であっても目を引く記述は出典を見ると日本や韓国メディア報道であることも多い。ケースバイケースだが、こうした場合、報道を引用する体裁をとっているものの実際は当局が把握している内容と一致していることがほとんどだ。当局として公表して注意喚起したい情報であるものの、情報源秘匿や友好国との関係から直接情報としては書かず、内容の一致する報道を探してきて引用の形にするのである。

筆者はソウル、ワシントンでの勤務を経て2018年から21年秋まで3年3か月、共同通信社平壌支局長として北京に駐在した。いろんな事情があって北京時代に訪朝することはなかった。その代わり、中国で北朝鮮人や朝鮮族と酒を酌み交わし、中朝国境を歩いた。北朝鮮が20年、新型コロナウイルス対策として国境を閉じ、人の往来がなくなると内情を探るのはより困難になった。本書では可能な限り情報の出典を明示するよう心がけたが、情報源の性質上、実名を出せないものも多い。脱北者情報も引用したが、実名取材に応じてくれた米在住の李正浩（リジョンホ）氏を除いては匿名だ。証言を引用したその他の脱北者は原則として北朝鮮政府や国家機関、軍で勤務した経験がある人物に限った。

第 1 章

核武装の動機と秘密ネットワーク

北朝鮮が建造したとする潜水艦。進水は伝えられていない
（コリアメディア提供・共同、2019年7月23日付「労働新聞」が掲載）

1. 体制守る「宝剣」陸から海、宇宙へ

✝原子力潜水艦とHY－150

2013年夏、北京。北朝鮮国防委員会（2016年に国務委員会に改編）に所属し、最高指導者のための物資調達に携わってきた朝鮮人民軍出身の男が、中国朝鮮族のブローカーからずっしりとした一塊の金属片を受け取った。500ミリリットルのペットボトルほどの大きさ。台湾製の超高張力鋼のサンプルだった。中国の税関当局の検査を避けるため中国東北部遼寧省丹東から密かに船で中朝国境の鴨緑江（アムノクカン）を渡り、平壌（ピョンヤン）に持ち帰った。

男に超高張力鋼の調達を命じたのは国防科学院。北朝鮮の先端武器の研究・開発を担ってきた機関だ。平壌龍城（リョンソン）区域に位置し、「第2自然科学院」と呼ばれた時期もある。2008年のことだった。国防科学院は使途を明かさなかったが、「HY－150」との規格を指定し、やりとりの中で「普通の潜水艦と違う。水圧に耐える必要がある」と漏らした。男が調べてみるとHYは米原子力潜水艦の耐圧殻などに使われている規格だった。持ち帰ったサンプルは分析の結果、国防科学院が求める条件を満たしていなかった。男は2年後、韓国に亡命、今は同国

政府傘下機関に身を置く。「国防科学院は、物理的要素と化学的要素の二つが足りないと言っていた。ブローカーを問い詰めたところ最後の工程が施されていないことを白状した。必要な材料や技術を米国が厳しく管理しているという話だった」。

ＨＹ‐１５０の「１５０」は強度を示すが、日本の潜水艦用鋼材の研究に携わった専門家によると、実用化されたのは１３０までとみられる。日本ではＨＹ‐１５０に相当する潜水艦用鋼材としてＮＳ１１０鋼が開発され、関心を示した米軍との共同研究も行われた。海上自衛隊の潜水艦に一部導入されているとの情報もあるが、防衛省は事実かどうかを含めて一切伏せている。潜水艦に関する情報は古今東西「秘中の秘」である。

筆者がソウルで開かれた非公開の安全保障関連会合で男からこの話を最初に聞いたのは２０１７年のことだ。北朝鮮がその後、目当ての鋼材を入手できたのかは確認できないが、金正恩は２０２１年1月、第8回朝鮮労働党大会の活動報告で「核潜水艦設計研究が終わり、最終審査段階にある」と述べ、原潜保有計画を初めて公表した。北朝鮮が近年の軍事パレードで公開した巨大な潜水艦発射弾道ミサイル（ＳＬＢＭ）は原潜クラスでなければ収容できないと言われ、自衛隊関係者によると、北朝鮮が寧辺（ニョンビョン）に建造している軽水炉は原潜用の小型原子炉の研究のためだとの分析もある。

西は黄海（ファンヘ）、東は日本海に面する北朝鮮は、通常動力型のロメオ級潜水艦約20隻や特殊部隊潜入などに使われる小型潜水艦約40隻を保有、旧型ばかりとは言え潜水艦戦力の規模だけで見ればば世界有数だ。

２０１０年3月に黄海・白翎島（ペンニョンド）の近海で韓国海軍哨戒艦「天安艦（チョナン）」の船体が真二つに折れて沈没した。原因はすぐには分からず、米国、英国、オーストラリア、スウェーデンの専門家を含む軍民合同調査団は約2カ月後、北朝鮮が小型潜水艇から発射した魚雷を外部水中爆発させた攻撃だったと結論づけた。現場は水深が浅く、魚雷攻撃は困難だとされる海域だった。北朝鮮は時に高度なゲリラ作戦能力を発揮する。

金正恩は原潜の使途について明確に説明はしていないものの、「核長距離打撃能力を強化する上で重要な意義を持つ」と述べており、攻撃型原潜（ＳＳＮ）ではなく、核搭載のＳＬＢＭを運用する戦略原潜（ＳＳＢＮ）保有を目指しているとみられている。戦略原潜は海中に長期間じっと潜み、核による報復能力（第2撃能力）を温存するのが任務だ。ディーゼルエンジンと蓄電池の通常動力では換気や充電のため定期的に浮上しなければならないが、原潜なら燃料補給の必要がない。海水を蒸発させて真水をつくり、それを電気分解することで酸素を供給することもできる。食料さえ十分にあれば半永久的に潜航していることが可能だ。[3]

一方で、北朝鮮の原潜計画を巡っては技術や資金面から実現性について懐疑的な見方が圧倒的に多い。小型原子炉を収納するには少なくとも４０００トン級の大きさが必要だ。潜水艦はやしお艦長を務めた元海将の伊藤俊幸は「仮に超高張力鋼を入手できたとしても水圧に耐える完全な真円に曲げて溶接するのは至難の業だ。重工業力の枠を集めたもので、北朝鮮にはまず無理だろう。ミサイルはつくれても潜水艦はつくれない」とみる。

2022年現在、原潜を保有するのは核拡散防止条約（NPT）[4]上の核兵器保有国である米国、英国、フランス、ロシア、中国の5カ国、それにロシアの支援を受けたインドの計6カ国に過ぎない。非核兵器保有国であるオーストラリアが米英との協力枠組み「AUKUS（オーカス）」を通じて原潜導入へ動き出し、ブラジルもフランスの支援を受けながら原潜開発を進めているが、北朝鮮とは経済規模が違う。北朝鮮が曲がりなりに原潜を建造したとしても日米韓による探知を逃れるだけの静粛性を得るのは困難とみられ、戦略核のプラットフォームとしての実効性には疑問がある。原潜計画公表は米国に対する交渉力向上や国内向けの宣伝の側面が強いとの指摘がある一方、日本海に遠く出ずとも日米韓が容易に近づけない北朝鮮沿岸近くでじっと潜っているだけでも第2撃能力として抑止効果を発揮し得ると警戒する日本政府関係者もいる。

†北極星VS.ポラリス

「ハッチにしては大きすぎる」。2014年、偵察衛星が捉えた北朝鮮の潜水艦上部の写真が分析官の目にとまった。セイル部分に大きな穴が確認された。弾道ミサイルの発射管の可能性があった。地上発射型の弾道ミサイル開発に邁進してきた北朝鮮が核戦力を海へと拡張しようとしている――。防衛省関係者によると、この時から日米は北朝鮮のＳＬＢＭ開発の動きを本格的に追跡し始めた。

北朝鮮は日本海側の東部咸鏡南道新浦（ハムギョンナムドシンポ）でＳＬＢＭ開発や新型潜水艦の建造を進めてきた。日本政府関係者によると、これまでのところ原潜建造に使える大きさの建屋は確認されていない。まずは通常動力型潜水艦によるＳＬＢＭ戦力化を目指しているとみられる。

米軍事ジャーナリスト、ビル・ガーツがニュースサイト「ワシントン・フリービーコン」で「北朝鮮の潜水艦にミサイル発射管が設置されているのを米情報機関が最近確認した」とスクープ報道したのはこの年の８月だ。[5] 当時、ＳＬＢＭを実戦配備していたのは前述の原潜保有国、米国、英国、フランス、ロシア、中国だけで、インドも運用開始前だった。朝鮮労働党機関紙、労働新聞は翌２０１５年５月９日、金正恩立ち会いの下、「戦略潜水艦」からのＳＬＢＭ発射実験を行ったと報道。海面に出てきた直後の「北極星１」の写真を掲載した。炎の形状などからエンジンは旧式の液体燃料型とみられ、米情報当局は潜水艦ではなく水中発射台を使ったと分析した。

「北極星」は英語では「ポラリス」。米軍が最初に配備したＳＬＢＭ「ポラリス」に対抗した命名とみられる。原潜計画同様、北朝鮮のSLBM開発のニュースは当初、冷淡な扱いを受けたが、2年後の2016年8月24日、北朝鮮が日本海上で行った「北極星」の発射実験の映像が公開されると関係者の間では驚きが広がった。改良を加えて固体燃料を導入した上、潜水艦からガスの圧力で射出されたミサイルが洋上でエンジン点火する「コールド・ローンチ」という高度な技術を獲得したことが確認されたためだ。通常より高い角度で打ち上げ、水平方向の飛距離を抑えるロフテッド軌道で500キロ飛行。通常軌道であれば射程は1000キロ以上と推定され、日本に届く固体燃料ミサイルの登場を意味した。

2019年10月には日本海に向けて新型「北極星3」を発射し、日本の排他的経済水域（EEZ）に落下させた。これもロフテッド軌道だったが、通常軌道なら射程は日本のほぼ全土に届く2000キロと推測されている。防衛省は潜水艦ではなく「水中発射試験装置」から発射されたとみている。北朝鮮近海からは、米本土には届かないものの、米国の同盟国である日韓両国、そこに駐留する米軍を攻撃する射程としては十分だ。2021年には固体燃料の新型短距離弾道ミサイル「KN-23」を潜水艦発射用に改良したとみられる小型SLBMの発射実験を実施した。潜水艦開発に先行する形でSLBM開発を進めており、軍事パレードでは巨大SLBM「北極星4」「北極星5」が登場した。発射実験は確認されていないが、形状や大きさからミサイル防衛を突破するための多弾頭化を目指しているとみられている。ちなみに「北極星2」は「北極星」を陸上発射型に転用したもので、既に実戦配備されたとみられている。

騒がしい海

北朝鮮が保有する潜水艦で弾道ミサイルを発射できるのは22年時点で、発射実験に使っているコレ級「8・24英雄艦」（水中排水量約1500トン）1隻しか確認されていない。セイルと艦体を貫通する形で発射管1本を格納する特殊な構造だ。旧ソ連のディーゼル潜水艦を分解して得た技術で建造したとされ、「新浦級」との呼び方もある。北朝鮮の既存潜水艦は老朽化が進み、静粛性で劣り、海上自衛隊関係者は「鐘を打ち鳴らしながら潜っているようなものだ」と探知に自信を見せる。米海軍関係者も「仮に北朝鮮の潜水艦が太平洋に出てくればすぐにわかる」と断言する。「8・24英雄艦」も発射実験のたびに損傷を受けているとされる。

ただ、北朝鮮が有事に他の潜水艦に紛らせてSLBM搭載潜水艦を1隻でも北朝鮮沿岸に潜航させた場合、探知は困難になり、北朝鮮に対する軍事作戦のシナリオは一気に複雑になる。衛星写真分析で定評のある米国の北朝鮮軍事専門家ジョゼフ・バーミューデスは、日本海は海底の地形が複雑で行き交う漁船も多いとして、潜水艦を追跡するには「非常に騒がしい海」と指摘する。海上自衛隊関係者も「日本海は水温が低く、音の伝わり方がほかの海域に比べると遅い。隠れやすい面がある」と認める。

北朝鮮国営メディアは2019年7月、金正恩が新たに建造した潜水艦を視察したと報じた。韓国当局は写真の分析から旧式のロメオ級ディーゼル潜水艦（水中排水量約1830トン）の1隻を改造したもので、拡張されたセイル部分にSLBM3発を搭載可能とみている。北朝鮮は「新造艦」について「東海（トンヘ）（日本海）作戦水域で任務を遂行することになり、作戦配置を目前に控えている」（朝鮮中央通信）としたが、就役は確認されていない。潜水艦を交代させながらSLBMを切れ目なく常時運用するには同型潜水艦が最低3隻は必要だ。原潜に限らず、潜水艦は本格的な体制を構築するには時間を要するとみられている。

†9番目の核保有国

今世紀に入って核爆発実験を行った国は北朝鮮以外になく、その前は核拡散防止条約（NPT）未加盟のインド、パキスタンが1998年に実施したのが最後だ。ストックホルム国際平和研究所（SIPRI）は2022年版年鑑で北朝鮮が最大20個の核弾頭を組み立てたと推計、世界で9番目の核兵器保有国として認定した。[6] SIPRIが北朝鮮の核弾頭数を世界の核弾頭総数にカウントしたのは初めてだ。前年までは核兵器の原料となるプルトニウムや高濃縮ウラン（HEU）の推定保有量から製造可能な核弾頭数を示すにとどめていた。

2022年時点で北朝鮮が保有する核物質は実際に兵器化したものを含め核弾頭45〜55個分

表１　世界の核弾頭数推計

国	配備済	配備済・配備可能	保有数（廃棄待ち含む）
米国	1744	3708	5428
ロシア	1588	4477	5977
英国	120	180	225
フランス	280	290	290
中国	－	350	350
インド	－	160	160
パキスタン	－	165	165
イスラエル	－	90	90
北朝鮮	－	20	20
	3732	9440	12705

（SIPRI Yearbook 2022）

と推定。前年は40～50個分としており、１年間で５個分増えた計算となる。米陸軍の２０２０年の報告書[7]は北朝鮮の核兵器数は20～60個で１年間に６個製造できるとしており、ＳＩＰＲＩの推計と矛盾しない。ＳＩＰＲＩ推計は米国をはじめ各国政府の報告書や、商業衛星写真などに基づく関連施設の稼働状況の分析に依拠している。

　北朝鮮政府は核弾頭を何個持っているのかはもちろん、プルトニウムやＨＥＵの保有量を一切明らかにしておらず、こうした推計がどこまで実態に迫っているかは不明だ。プルトニウムは寧辺（ニョンビョン）の実験用黒鉛減速炉（５メガワット）が唯一の供給源だが、ＨＥＵについては寧辺のほかに秘密の製造施設（ウラン濃縮施設）が複数あるとみられており、施設の数や規模をどう見るかで推計は大きく変わってくる。韓国国防研究院（ＫＩＤＡ）の研究者が２０２３年１月に発表した分析では、プルトニウム弾、ＨＥＵ弾を合計80～90個程度保有していると推計、核物質の生産能力が現状のままであれば２０３０年には最大１６６個の保有が可能になると推定している。金正恩は2022年12月末の党中央委員会拡大総会で戦術核の大量生産方針を表明した。第4章で詳しく見るが、KIDA研究者は北朝鮮が100〜300個程度の保有を目指すと分析している。[8] インド、パキスタンと同程度の水準である。

さらに、核弾頭1個に要する核物質の量は核弾頭のデザインや出力、技術水準に左右される。核物質の量が大きいほど威力が大きくなるのは当然ながら、技術水準が高まれば1個に必要な核物質の量を減らすことができる。国際原子力機関（IAEA）は核兵器1個をつくるのに必要な量について、プルトニウムは8キログラム、HEU（濃縮度20%以上）に含まれるウラン235は25キログラムとしているが、[9] 米ロスアラモス国立研究所長も務めた核物理学者シーグフリード・ヘッカーは、いまの北朝鮮ならプルトニウムについては1個当たり5キロで製造可能と見積もっている。

北朝鮮核問題を巡る外交交渉はいずれも核物質保有量の検証が障害となって暗礁に乗り上げてきた。北朝鮮は1994年の米朝枠組み合意でプルトニウム生産の中断を約束したが、その後、HEU計画の発覚などにより合意は破綻した。北朝鮮は2008年6月の6カ国協議[10]で、実験用黒鉛減速炉の使用済み燃料棒からプルトニウム約38・5キロを抽出し、

表2　米歴代政権と北朝鮮の核兵器数推計

2001年1月	クリントン政権末期	0個
2009年1月	ブッシュ（子）政権末期	4〜6個
2017年1月	オバマ政権末期	25個
2021年1月	トランプ政権末期	45個

核物質推定保有量を核兵器数に換算。シーグフリード・ヘッカーの分析を基に筆者作成

このうち約25・5キロを兵器化に使用したと申告した。しかし約50キロと推定していた米国は北朝鮮がプルトニウムを隠し持とうとしているとみて徹底検証を要求、北朝鮮は応じず協議は行き詰まった。当時は核兵器1～2個分に当たるこの十数キロの違いが最大の争点となったが、北朝鮮は断続的な外交交渉の陰で着実に核物質の増産体制をつくりあげ、今となっては十数キロ程度の違いは誤差の範囲内とも言える。ヘッカーはクリントン政権末期、北朝鮮は核兵器を1個も持たなかったが、トランプ政権末期には保有数は45個前後に増えたと推計。「歴代米政権は北朝鮮に核兵器を持たせまいとしながら無残に失敗し続けてきた」と指摘する。[11] SIPRIの報告書を執筆した「全米科学者連盟」の核専門家ハンス・クリステンセンは取材に、北朝鮮の核弾頭数は「極めて不確実で推測に基づくものだ」と強調したが、SIPRIが核兵器保有国と分類したことは北朝鮮の核武装が国際社会において現実と認識されていることを示す。

†ロケットかミサイルか

核兵器は運搬手段があってこそ核戦力として軍事的な意味を持つ。米国は大陸間弾道ミサイル（ICBM）、戦略原潜、戦略爆撃機の三つを戦略核の「3本柱（トライアッド）」としている。ロシアは3本柱に加え、戦術核搭載が可能な多様なミサイルを保有、中国も初期的な3本柱を整えた。フランスは原潜と戦闘機の2本立て、英国は原潜のみだ。航空戦力が乏しい北朝鮮は核の運搬手段として地上発射の弾道ミサイル開発に注力してきた。ＳＩＰＲＩは北朝鮮が既にコンパクトな核弾頭を製造できるとみており、搭載可能性が最も高いミサイルとして、ノドン（北朝鮮名「火星７」）、スカッドＥＲ（「火星９」）、「北極星２」の３種類の準中距離弾道ミサイル（ＭＲＢＭ）を挙げている。[12] 防衛省も同様の分析だ。いずれも配備済みで、射程は１０００〜１５００キロ。在日米軍や日本を狙うミサイルだ。第４章で詳しく見るが、北朝鮮は２０１９年の米朝首脳再会談決裂後、核弾頭搭載可能とみられる固体燃料の新型ミサイルの開発も急進展させている。

北朝鮮の原潜計画は金正恩自身が「設計段階」と述べたように、実現は見通せない。これに対し、米本土を狙うＩＣＢＭ開発がかなりの段階まで進んでいることは発射実験で実証済みだ。北朝鮮は２００９年４月の「人工衛星運搬ロケット」の発射について長距離弾道ミサイル発射だと非難した国連安全保障理事会議長声明への対抗措置として、謝罪がなければ「核再実験やＩＣＢＭの発射実験を含めた自衛的措置を講じる」（外務省報道官声明）と警告。翌月に２回目の核実験を実施したが、初めてＩＣＢＭを発射したのは８年後の２０１７年７月。それまでは「人工衛星打ち上げ」を重ねてＩＣＢＭに必要な技術の蓄積を図ってきた。

ＩＣＢＭは大洋を越えて大陸間を飛行できる地上発射型の弾道ミサイルだ。戦略核の運搬手段となり、米国、ロシア、中国が配備し、インドも開発を進めている。一般に射程５５００キロ以上を指すが、これは米ソ間の戦略兵器制限交渉での定義に基づくもので、北極海を挟んで米本土の北東国境とソ連本土の北西国境を結ぶ最短距離に相当する。北朝鮮国営メディアはICBMの射程について6400キロ以上との定義を伝えたことがあるが（第4章参照）、この場合、飛び地のアラスカ州にしか届かない。米本土にミサイルを到達させようとすれば最も近い都市である西海岸シアトルは約8000キロ、東海岸のニューヨークや首都ワシントンは1万1000キロ前後の射程が必要になる。この意味では北朝鮮にとってのICBMは少なくとも射程8000キロ以上と言えるだろう。

ロケットと弾道ミサイルは乱暴な言い方をすると人工衛星を載せるのか、弾頭を載せるのかの違いだ。弾道ミサイルは宇宙空間から弾頭を大気圏内に再突入させる技術が不可欠だが、推進ブースターや制御技術はロケットと共通する。米国やロシアもICBMを宇宙ロケットに転用していた時期がある。ロシア語ではロケットもミサイルも同じракета（ラケータ）。北朝鮮の発射をロケットとみなすのか、ミサイルとみなすのかは技術的な側面に加え、真の意図をどう見るのかという政治的な判断に左右される。

†「衛星発射場」異例の公開

北朝鮮は2012年4月15日の金日成主席生誕100年に合わせ、外国メディアを大量に迎え入れた。「朝鮮宇宙空間技術委員会」は4月12〜16日の間に地球観測衛星「光明星3号」を衛星運搬ロケット「銀河3号」で打ち上げると発表。前年末に金正日総書記が急死し、金正恩による後継体制が発足した直後で、若き指導者による新時代到来を宣伝する狙いは明らかだった。米CNNテレビをはじめ第一陣として入国した外国メディアは4月8日、北西部の東倉里（トンチャンリ）（平安北道鉄山郡（ピョンアンプクトチョルサングン））にある「西海（ソヘ）衛星発射場」に案内された。筆者もその一員だった。米偵察衛星が上空から徹底監視してきた場所のひとつだが、北朝鮮が発射場をメディアに公開したのは後にも先にもこの一度だけだ。東倉里視察を告げられたのは前の晩。平壌の宿泊先ホテルで徹底した荷物検査が行われ、携帯電話もパソコンも持参を禁じられた。15両編成の特別列車に揺られること約5時間。到着すると大型発射台には既に「銀河3号」が立っていた。近くのがらんとした建物の中で待ち構えていた白衣姿の北朝鮮当局者が「光明星3号」も公開した。

北朝鮮は2000年代に入り東倉里の発射場建設を始めた。長距離弾道ミサイル「テポドン1号」などを発射した日本海側の舞水端里（ムスダンリ）（咸鏡北道花台（ファデ）郡）の発射場（「東海（トンヘ）衛星発射場」）が老朽化したこともあるが、東倉里を選んだのはむしろその立地条件が大きいだろう。舞水端里からは東、南、いずれの方向に発射しても日本上空を通過することになるのに対し、東倉里から南方向は黄海から東シナ海と開けており、日本上空（南西諸島を除く）を通過することは避けられる。中朝国境まで約50キロしかなく日本海側から見れば最奥部に位置し、米韓両軍にとっては中国に近すぎて攻撃のハードルが高い。さらに、極軌道を使った南方向への発射を北方向にひっくり返せば米東海岸への最短ルートと重なり「米中枢攻撃のシミュレーション」（倉田秀也防衛大教授）となりうる。

北朝鮮側は打ち上げに軍や国防科学部門は一切関与していないと強調、監視役を兼ねる案内人らは「ここまで公開して見せているのになぜミサイルと書くのか」と記者団に不満をぶつけた。日米は宇宙開発は口実に過ぎず、ＩＣＢＭ開発のためのプロトタイプだと断定、長距離弾道ミサイル「テポドン2号」かその改良型だとし、日本メディアもこれにならっていた。

「弾道ミサイルに使えるのではないのか」「ここは軍の施設ではないか」。北朝鮮当局者に直接質問をぶつけることのできる機会は少ない。発射場の総責任者を名乗る張明進（チャンミョンジン）はどんな質問にも嫌な顔ひとつ見せず雄弁だった。「発射台に何日もかけて設置するロケットが軍事的にどう使えるというのか。空爆されて一発で終わりだ」。一見もっともな反論に聞こえるが、米国の専門家らもテポドン2号が実際に核弾頭を積んで飛んでくるなどとは考えていない。その技術と実験データの蓄積がＩＣＢＭ開発に直結するとみるから警戒しているのである。もちろん張明進もそんなことは百も承知の上だったろう。日帰りで平壌に戻った記者団は4月11日、今度は国防科学院と同じ龍城（リョンソン）区域に位置する「衛星管制総合指揮所」を参観した。モニターには東倉里の発射台で燃料注入が進む「銀河3号」の映像が映し出されていた。白昌豪（ペクチャンホ）所長は「大変忙しいが、金正恩同志から「すべて見せてやれ」と指示があった」と強調した。

†日本が迎撃？

発射は予告期間2日目の4月13日朝だった。外国メディアは滞在先の羊角島ホテルのプレスルームで待機していた。同ホテルは平壌中心部を流れる大同江の中洲に位置し、外国人が勝手に出歩かないように管理するにはもってこいの場所だ。プレスルーム正面には大型モニターが設置されていた。しかし東倉里の映像はいっこうに映し出されず、第1報は米メディアの速報だった。「発射失敗」。早期警戒衛星や海上配備レーダーで監視していた米軍の情報だった。近くにいた宇宙空間技術委関係者に事実確認を求めたが、要領を得ない。記者団の対応に当たっていた北朝鮮外務省関係者は「日本が迎撃したのでは」と口走った。日本政府は万が一の事態に備えるとして自衛隊法に基づく破壊措置命令を発令、海上自衛隊のイージス艦に加え、航空自衛隊の地対空誘導弾パトリオット（PAC3）を沖縄県や首都圏に展開させ、異様な大騒ぎになっていた。同関係者が本気で日本が撃ち落とした可能性があると考えているのか、冗談なのか、その真意は表情からは読めなかった。

4時間ほどたった正午過ぎ、国営朝鮮中央通信が短い記事を配信した。「朝鮮の初の実用衛星「光明星3」号発射が4月13日午前7時38分55秒、平安北道鉄山郡の西海衛星発射場で行われた。地球観測衛星の軌道進入は成功できなかった。科学者、技術者、専門家らは現在、失敗の原因を究明している」。北朝鮮が失敗を認めるのは異例で、ある意味で新時代到来を実感させる対応だった。北朝鮮はその後、東倉里（トンチャンリ）でエンジン燃焼実験を複数回行い、12月の再度の試みで発射に成功。２０１６年２月には運搬ロケット「光明星号」を使って地球観測衛星「光明星４」を打ち上げた。日本政府はいずれもテポドン２号系列の長距離弾道ミサイルだったとしている。

†宇宙強国

日本政府高官は当時、北朝鮮の「衛星運搬ロケット」をミサイルだとみなす根拠について「北朝鮮は衛星を運用するためのインフラを備えておらず、そのような計画を進めているようにも見えない」と語った。訪朝に先立ち、別の政府関係者からは「上から見ていて東倉里の風景が一変した」との耳打ちもあった。衛星画像分析に基づく情報だ。記者団受け入れを前に突貫工事で植栽やさまざまな施設を追加し「衛星発射場」の体裁を整えたのだという。日米は北朝鮮が人工衛星の打ち上げを通じて、ＩＣＢＭ級のブースターの性能、切り離し技術だけでなく、「衛星」を周回軌道上に投入することで弾頭部分の姿勢制御技術を検証できると分析した。北朝鮮が２０１２年12月と２０１６年２月に打ち上げた「光明星３（２号機）」と「光明星４」

は「地球観測衛星」としての機能は果たしていないとみられるが、国際連合宇宙部（UNOOSA、本部ウィーン）によると、今も軌道上を周回している。

しかし「西海衛星発射場」が軍用か民生用かという議論はもはや意味をなさなくなった。軍の関与は一切ないと主張していた北朝鮮だが、2016年を境に「軍民共用」に切り替えたのだ。北朝鮮国営メディアは同年4月9日、西海衛星発射場でICBMのエンジン燃焼実験に成功したと報道。立ち会った金正恩は「米国をはじめとする敵対勢力に核攻撃を加えられるようになった」と述べた。北朝鮮がICBMのエンジン燃焼実験を公表したのは初めてのことだった。金正恩は2017年3月18日にも国防科学院をはじめとする軍需工業部門の技術者らが戦略兵器のために開発した「大出力エンジン」の燃焼実験をここで視察し、新型エンジン完成により「宇宙開発分野でも世界的水準の衛星運搬能力に堂々と肩を並べることのできる科学技術的な土台がいっそう強化されることになった」と述べた。最高指導者自らロケット技術が軍民両用であることを公然と認めたのだ。

2021年からの新たな国防5カ年計画では「軍事偵察衛星」運用を盛り込んだ。ICBM発射実験を繰り返し、今さら衛星打ち上げとして偽装する理由は見当たらない。米ハーバード・スミソニアン天体物理学センターのジョナサン・マクドウェル博士は筆者の取材に北朝鮮の技術水準であれば「宇宙強国」（金正恩）は難しいにしても、イスラエルやイラン、韓国のような「モデスト（ささやか）な宇宙プログラム」は維持できると指摘、「プラネットラボ（地球上のあらゆる場所の衛星画像提供を目指す米サンフランシスコ拠点の企業）と同程度の水準の小型衛星を年に1〜2個打ち上げることは可能」とみる。[14]

北朝鮮メディアは2022年3月10日、金正恩が国家宇宙開発局（NADA）を現地指導したと報じた。金正恩は偵察衛星の目的は「南朝鮮地域と日本地域、太平洋上での米帝国主義侵略軍とその追従勢力」の軍事動向をリアルタイムで把握することだとし、5カ年計画中に大量の軍事偵察衛星を「太陽同期極軌道」上に多角配置すると述べた。国家宇宙開発局は同年12月、2023年4月までに軍事偵察衛星1号機の準備を終えると発表した。金正恩が内外に公表した以上、技術水準はともかくとして国家を挙げて計画は進められるだろう。

宇宙はサイバーや電磁波などの新領域と並んで各国が軍事面でもしのぎを削る主戦場となっており、「人工衛星の活用が、安全保障の基盤として死活的に重要な役割を果たしている」（2022年版防衛白書）。米軍は1991年の湾岸戦争で、情報・監視・偵察（ISR）、ミサイル警戒、気象観測、衛星通信や測位などの用途に60機以上のさまざまな衛星を利用し、宇宙システムが戦闘そのものに利用される時代が到来した。[15] ロシアによる侵攻に対するウクライナ軍の反攻では、イーロン・マスクのスペースXが運用する小型衛星による通信システム「スターリンク」が決定的な役割を果たしている。米中の宇宙における覇権争いを見ても宇宙開発と軍事を切り離すことはもはや意味をなさなくなっている。韓国も朝鮮半島上空の宇宙監視能力を確保するため空軍に2019年「宇宙作戦隊」を創設、偵察衛星や早期警戒衛星の運用体制構築を目指しており、22年には「宇宙作戦大隊」に拡大再編した。

日本も2022年末に改訂した国家安全保障戦略で宇宙分野での対応能力強化をうたい、宇宙航空研究開発機構（JAXA）と自衛隊の連携強化を明記した。北朝鮮がこうした趨勢に対抗し、中国やロシアのように弾道ミサイルを使った衛星破壊兵器（ASAT）の開発に動いたとしてもおかしくない。周回中の衛星を狙い撃ちできるだけの追尾・誘導技術はないとみられるが、標的の衛星の近くで弾頭を爆発させて周辺にデブリをばらまくシナリオも指摘される。

2. 核開発の起源

†朝鮮戦争と原爆

「軍事的状況に対処する上で必要であれば、いかなる手段も講じる」

「原爆も含むのですか？」

「われわれが保有するすべての兵器を含む」

「大統領、「保有するすべての兵器」とおっしゃいましたが、原爆使用について積極的に検討しているという意味ですか?」

「原爆使用については常に積極的に検討してきた。使われるのは見たくない。悲惨な兵器であり、この軍事侵略に無関係な無実の市民や子どもたちに対して使うべきものではない。(しかし)実際に使われればそうなる」

(中略)

「もう一度確認したいのですが、原爆の使用について積極的に検討しているとおっしゃったのですね?」

「常にそうだ。われわれの兵器の一つだ」

「軍事的な標的なのか、それとも民間……」

「それは軍が決めることだ。私はその手のことについて決める軍当局者ではない」

(中略)

「国連の行動次第だとおっしゃいましたが、国連の承認なしには原爆を使わないということですか?」

「まったくそんなことはない。共産中国に対する行動は国連の行動次第だが、(核)兵器の使用は戦場の軍司令官が責任を負う」

引用が長くなったが、1950年11月30日、第33代米大統領トルーマン（民主党）の記者会見でのやりとりだ。[16] 北朝鮮の南侵により朝鮮戦争が勃発して約5カ月。前の月に電撃的に参戦した中国軍が攻勢を強めていた。ホワイトハウスはこの日、追加で声明を出し、核に限らず兵器というものは保有自体が使用検討を前提にしているとした上で「核兵器使用を許可できるのは大統領だけであり、そのような許可は下されていない。許可が下されたら、戦場にいる軍司令官は核兵器の戦術的運用の責任を持つことになる」と強調し、トルーマンによる〝爆弾発言〟の火消しを図った。トルーマンが命じた広島、長崎への原爆投下から5年がたっていた。その被害実態[17]は在日朝鮮・韓国人を通じて北朝鮮にも伝わり、金日成（キムイルソン）は国民の動揺を懸念していたとされる。金日成はのちに、朝鮮戦争中、米国の核攻撃を恐れて多くの住民が南に逃れたと語っている。[18] 米大統領による露骨な核の恫喝が実際の中朝の軍事作戦にどこまで影響を与えたかは不明だが、両国の指導者が深刻に受け止めたであろうことは容易に想像が付く。

ソ連を後ろ盾に1948年9月に北朝鮮を建国した金日成は朝鮮半島の武力統一を狙い、スターリンから同意を取り付けた上で1950年6月25日、38度線を突破し韓国に攻め込んだ。当時、金日成は38歳。侵攻に先立ち「2週間、長くても2カ月以内に南朝鮮を占領できる」と楽観的な見通しを示していたことが、ソ連の公文書で確認されている。[19] 実際、北朝鮮軍は3日でソウルを制圧し、約2カ月で釜山付近まで侵攻した。米軍は前年に朝鮮半島から撤収しており、金日成も米軍の参戦は想定していなかったとされる。しかし、朝鮮半島が赤化統一される事態に危機感を覚えたトルーマンは米軍の再投入を決断。国連安全保障理事会は7月7日、韓国防衛のため米軍主体の国連軍を派遣することを決議した。当時の常任理事国は米国、英国、フランス、中華民国、ソ連だったが、ソ連は台湾に逃れた国民党政府が中国を代表していることに抗議して安保理会合をボイコットしていたため、拒否権を行使し損ねた。9月15日、米元帥のマッカーサー総司令官率いる国連軍は仁川上陸作戦を成功させ、形勢は逆転。中朝国境の鴨緑江近くまで迫った。ここで再び大きく局面は転換する。スターリンに説得された毛沢東は「抗米援朝」を掲げて同年10月に参戦し、国連軍を再び押し戻した。今度は、中国軍の介入はないと見ていたマッカーサー側の誤算となった。マッカーサーは開戦直後から原爆使用の可否について統合参謀本部に打診していたが、中国軍参戦で形勢不利となるとさらに前のめりになった。

　米国の歴史学者ブルース・カミングスによると、1950年12月24日には原爆26個の使用を想定した「敵進軍遅延用標的一覧」を提出。さらには「侵略軍」に投下するための原爆4個、「敵空軍の重大な結集」に対処するための4個を追加で求めていた。政権内での手続きは原爆使用の瀬戸際まで進んだ。1951年3月には沖縄の嘉手納基地で原爆の組み立て施設が稼働、あとはコア（核物質）の到着を待つのみとなり、トルーマンは4月6日、中国軍部隊が新たに大規模に投入されたり中国内の基地から爆撃機が発進したりすれば核を使う命令書に署名した。この直後、トルーマンは対立を深めていたマッカーサーを解任、命令が実行に移されることはなかったが、後任のリッジウェイ将軍も5月、原爆の数を38個に増やしてリストを再提出した。[20]

1952年の大統領選挙を経て53年1月にアイゼンハワー政権（共和党）誕生後も原爆使用の検討は続き、水面下で中国に核使用の可能性を警告していたとされる。[21] 米国をアジアに釘付けにする狙いから金日成と毛沢東に徹底抗戦を強いたスターリンが1953年3月に死去すると、朝鮮戦争は同年7月27日、休戦協定締結にいたる。正式名称は「朝鮮における軍事休戦に関する一方国際連合軍司令部総司令官と他方朝鮮人民軍最高司令官および中国人民志願軍司令との間の協定」。国連軍と北朝鮮の朝鮮人民軍、中国人民志願軍の3者が調印、韓国の李承晩（イスンマン）政権は休戦に反対し、調印を拒否した。北朝鮮は今でも朝鮮戦争を「歩兵銃で原子弾に勝った戦争」（「労働新聞」）と宣伝しているが、兵士、民間人を合わせた死者数は150万人とも250万人とも言われる。原爆が再びアジアで使用されることはなかったが、北朝鮮にとっての「核の脅威」は恒常化する。

†在韓米軍に950個の核配備

米国は休戦協定調印直後の1953年10月、韓国との間で相互防衛条約を締結。2国間の軍事同盟に基づき韓国への駐留を始めた。朝鮮戦争に投じた戦費がかさみ、一時は在韓米軍の縮小を模索したが李承晩政権が反発。通常兵力を補う目的で1958年1月から91年12月までの約34年間にわたり韓国に戦術核を配備した。

戦術核の定義については第4章で詳述するが、一般には実際の戦場での使用を想定した低出力の核兵器のことを指す。ミサイルで言えば射程500キロ以下のものに搭載する核を指すことが多いが、ICBMや戦略原潜に搭載されるもの以外はすべて戦術核とみなすことも可能だろう。核戦略の変遷に従ってそのミッションも変化する。韓国に配備された戦術核は対北朝鮮だけでなく、冷戦構造の下、中国やロシアに対する抑止力として運用された部分があることは歴史研究で明らかになっている。韓国が北朝鮮に対して冒険的行動に出ないように重しを載せる役割もあったとみられる。

クリステンセンらの調査では、米軍は1958年1月、オネスト・ジョン地対地ミサイルや核地雷、280ミリ原子砲など少なくとも4種の核兵器システムと核弾頭約150個を配備した。その後、ナイキ・ハーキュリーズ対空・地対地ミサイルやデイビー・クロケット無反動砲弾、サージャント地対地ミサイルも加わり、ピークの１９６７年には核兵器システム８種類、核弾頭約９５０個に及んだ。最初から最後まであったのは８インチ榴弾砲だ。これらの核兵器は大田（テジョン）のキャンプエイムス、群山（グンサン）空軍基地、烏山（オサン）空軍基地の３カ所に保管されていた。表向きは「抑止」が強調されたものの実態は別だったようだ。１９６０年代半ばになると戦争初期段階で核兵器を使う計画に重点が置かれるようになった。[22] 米陸軍では北朝鮮がソウルに攻め込んできた場合、漢江（ハンガン）にかかる橋や金浦空港を核地雷で破壊するなど今では信じ難い計画も立てられた。[23] 米陸軍は朝鮮半島について「地上核兵器の使用が最も必要になりそうな地域」とみなしていた。[24] 開戦から1時間以内に核兵器を使用する方針だったとの証言もある。

米国の著名ジャーナリスト、ドン・オーバードーファーによると「米国の核兵器は不穏にも非武装地帯（ＤＭＺ）近くに配備されており、核弾頭はほとんど日常的にヘリコプターで演習時に非武装地帯の端まで運ばれていた」といい、北朝鮮に対して核兵器使用を盾に公然と脅しをかけていた。[25]

†核使用を検討した2人の大統領

トランプ米政権が２０１７年の米朝危機に際して核攻撃オプションについても検討したことは次章で紹介するが、米ジョージ・ワシントン大学の「国家安全保障公文書館」の研究者らは朝鮮戦争休戦後、少なくとも2人の米大統領が北朝鮮への核攻撃を検討したと指摘している。[26]第36代リンドン・ジョンソンと第37代リチャード・ニクソンだ。

機密解除された米公文書によると、ジョンソン政権時代の1968年1月に起きた米海軍の情報収集船プエブロ号拿捕[27]への対応をめぐり、国務省が外交解決を目指して北朝鮮側と秘密交渉を続けていたその時、国防総省は核兵器使用も含めた先制攻撃の検討を進めていた。[28]朝鮮半島情勢が緊迫する中、統合参謀本部議長に有事の作戦計画を説明した5月14日付の覚書[29]は、北朝鮮が韓国に侵攻した場合の対応として通常兵器と核兵器それぞれの使用について想定していた。通常兵器による「フレッシュ・ストーム」と名付けられた作戦ではB-52爆撃機などで24時間空爆を加え空軍を殲滅。核兵器を使う作戦は「フリーダム・ドロップ」で戦術航空機のほか、オネスト・ジョンやサージャントなどの地対地ミサイルにより北朝鮮の地上部隊や戦車を狙う。いくつかの軍事目標を狙うもの、主要な攻撃部隊や後方支援部隊すべてを狙うものまで3つの選択肢があるとし、最大70キロトンの核兵器使用を想定していた。国務省の覚書によると、ラスク国務長官は5月17日、国務省にソ連の駐米大使らを呼んで事態収拾への協力を要請すると同時に、もし北朝鮮が韓国を攻撃すれば「最大限の暴力的手段」で反撃すると述べ、核兵器の使用も辞さない姿勢を見せて警告した。米軍の核使用計画は察知できないにしても、核の恫喝はソ連を通じて北朝鮮に伝わっていた可能性がある。

乗組員らは12月に解放され、核が使われることはなかったが、約1年後、再び危機が訪れる。1969年4月、厚木から飛び立った米海軍偵察機EC-121を北朝鮮が撃墜、31人全員が死亡した際、ニクソンは国家安全保障担当大統領補佐官のキッシンジャーと共に核による報復攻撃も選択肢の一つとして検討したという。EC-121を撃墜した北朝鮮軍機の空軍基地にF4戦闘機によりB-61核爆弾を投下する計画が検討されたとの証言もあるが、ニクソンもリスクが大きすぎるとして核攻撃は見送った。

第41代大統領ジョージ・H・W・ブッシュは1991年9月、主に対ソ核戦略見直しの一環として海外に配備されている戦術核の撤去を表明した。在韓米軍の核兵器撤去は北朝鮮に核査察を受け入れさせる狙いもあったとされ、1991年12月の南北非核化共同宣言の合意につながった。しかし戦術核が撤去されたところで韓国は日本同様、米国の「核の傘」の下にある。戦略爆撃機や戦略原潜、弾道ミサイルなど運搬手段の発達により米軍の投射能力は向上。北朝鮮の側からすれば米国の核の脅威にさらされている状況に変わりはないということになる。

†金日成「日米の介入を阻止せよ」

韓国への戦術核配備と軌を一にするかのように北朝鮮の核開発への試みも加速した。朝鮮戦争で米軍主体の国連軍の介入を招き、赤化統一を果たせなかった金日成は1965年ごろ、日本海に面する東部咸鏡南道咸興（ハムフン）に国防大学の前身となる「咸興軍事学院」を設立する。ミサイルをはじめとする特殊武器開発のための人材育成が目的だった。同じころソ連と軍事物資や訓練供与に関する協定を結んだ。在北朝鮮ハンガリー大使館が1967年に本国に送った報告書によると、北朝鮮の従来の軍事ドクトリンは1930年代の抗日ゲリラ戦と朝鮮戦争（50～53年）の経験を基にしており専ら中国のゲリラ戦略・戦術の影響を受けていたが、1966年ごろからミサイルや核兵器を含むソ連軍の経験を研究、導入し始めた。米国防情報局（DIA）も2021年の報告書「北朝鮮の軍事力」で金日成が「ソ連の戦略、中国の戦術の影響のミックス」の上で朝鮮人民軍を創設したと指摘する。[30]

「もし戦争が（再び）起きたら米国と日本も介入してくるだろう。介入を阻止するには日本まで届くロケットを製造する必要がある」

金日成のフランス語通訳を務めたこともある北朝鮮の元外交官、高英煥（コヨンファン）（91年脱北）によると、金日成は当時の金昌奉（キムチャンホン）民族保衛相に同学院設立の理由についてこう説明した。高の実兄が通っていた同軍事学院の教科書の最初のページに書かれていたという（同学院は1968年のプエブロ号事件の後、軍需工場が集中する北部の慈江道（チャガンド）江界（カンゲ）市に移転した）。高によると、金日成は在日米軍を攻撃できるだけの射程のミサイルが必要だとする一方、在韓米軍については短距離ミサイルやロケット砲で攻撃するとし「1万人から2万人の死者、もしくはさらに多い死者を出せば米国内で反戦気分が高まり、米軍の撤収につながる」とのシナリオを語っていた。[31]

日本は朝鮮戦争で米軍の橋頭堡となった。掃海艇も出して事実上参戦していたのである。咸興軍事学院を巡る逸話からは北朝鮮のミサイル開発は当初から日本を拠点とした米軍の増援や日本の軍事介入阻止を図り、韓国を米国や日本から引き離す「デカップリング」の狙いがあったと言える。1966年10月の労働党代表者会議は、経済の均衡発展を犠牲にしてでも軍事力を強化しなければならないと決議し、予算に占める軍事費は10%程度だったのが1967〜71年には30%以上に大幅増額された。[32]

†毛沢東の拒絶、独自開発へ

北朝鮮は1950年代にソ連の支援で核開発に着手した。[33] 55年4月に科学院第2回総会で原子及び核物理学研究所の設置を決め、56年にモスクワ郊外のドゥブナ合同原子核研究所の創設メンバーとして加わり、以後科学者250人以上を派遣した。59年にはソ連、中国と原子力の平和利用に関する協定を締結。寧辺で核研究団地の建設に着手する。65年にソ連の支援した小型の研究用原子炉（IRT-2000）が完成し、86年に独自開発した5メガワットの実験用黒鉛減速炉の運転を開始した。北朝鮮が豊富な埋蔵量を誇る天然ウランをそのまま燃料として使うことができ、核分裂反応により燃料棒にはプルトニウムが生成される。北朝鮮のプルトニウムはすべてこの炉の使用済み燃料棒を再処理し、取り出したものだ。

北朝鮮が原子力研究に着手した当初、軍事転用をどの程度計画していたのかは不明だが、1960年代には核兵器保有への意志を明確にしている。中国が1964年に初の原爆実験を行った直後、金日成は北京に代表団を送り、核兵器開発への支援を求めた。毛沢東への親書には「戦場で生死を共にした兄弟国として核の秘密も分かち合うべきだ」と記したが、中国側は協力に応じなかったとされる。[34] 金日成が中国に支援を求めたのはソ連も北朝鮮の核保有に否定的だったためだ。ソ連が1963年に米英と共に部分的核実験禁止条約を締結した際、金日成は中国への書簡で不満を表明していたという。[35]

金日成が朝鮮戦争を経て核開発を決断するに至った時代背景は、当然のことながら朝鮮戦争に参戦した隣国、中国も共有していた。毛沢東は1949年10月に中華人民共和国発足を宣言した。朝鮮戦争が勃発したのはそのわずか9カ月後の6月25日。中国は10月、「抗米援朝」を掲げて参戦した。中国軍兵士の犠牲者は20万人近くに上るとされ、毛沢東の長男、毛岸英も戦死した。中朝国境を流れる鴨緑江には銅像が建てられている。マッカーサーが当時、中国本土の空爆や原爆投下をトルーマンに進言したのは前述の通りだ。毛沢東は朝鮮戦争休戦後の1955年ごろに核兵器やその運搬手段となるミサイルの開発を命じたとされる。宇宙開発と核・ミサイル開発が一体化した「両弾一星」政策だ。「両弾」は原爆・水爆と弾道ミサイルを指し、

「一星」は人工衛星を指すといわれている。[36] 北朝鮮は核兵器開発で中国の直接的な協力は得られなかったものの、「宇宙強国」を掲げながら核・ミサイル開発を推進した手法は中国の軌跡と重なる面もある。北朝鮮は後にパキスタンを通じて中国の核兵器技術も入手したとされ、この意味では中ソの技術のハイブリッドとも言える。

中国は初の原爆実験から3年後の1967年に水爆実験に成功した。それから5年後の1972年、ニクソンが米大統領として初めて訪中。20年以上にわたる敵視政策の転換を劇的に演出した。毛沢東との共同声明では「事故、誤算あるいは誤解によって起こる対決の危険を減少させるためイデオロギーを異にする国と国との間の意思疎通を改善することは緊張緩和への努力に資するものと信ずる」とうたった。核を持ってこそ米国との関係正常化が可能になるという北朝鮮の信奉はこの辺りも原点となっているのだろう。

†核開発の父は京都大出身

北朝鮮の核開発の草創期に大きな役割を果たした中には日本で教育を受けた人物もいた。石炭からつくる合成繊維ビニロン（北朝鮮名ビナロン）を発明し、北朝鮮科学会を代表する「人民科学者」の称号を得た李升基（リスンギ）博士（1905―1996年）だ。日本で出版された自伝[37]や韓国民族文化大百科事典によると、現在の韓国全羅南道（チョルラナムド）潭陽（タムヤン）に生まれ、日本に留学。松山高校を卒業後、1939年、京大で桜田一郎教授とビニロンを開発、工学博士号（応用化学）を取得した。終戦直後に帰国してソウル大工科大学長（工学部長）を務めた。朝鮮戦争が勃発、北朝鮮がソウルを占領していた間に招請で越北したとされるが、詳しい経緯は分かっていない。北朝鮮科学院化学研究所でビニロンの研究を続け、1961年に植民地時代から化学工業の中心地だった咸興（ハムフン）の工場で生産開始にこぎ着けた。北朝鮮のサイト「ネナラ」は李がこの後、「生涯、科学院咸興分院院長として化学工業発展に大きく寄与した」と説明しているが、北朝鮮の説明にも自伝にも記されていない経歴がある。寧辺の原子力研究所の初代所長だ。韓国物理学会50年史によると就任は1967年。IRT-2000を稼働させたのも李とされる。[38]最初は核開発への参加をためらったが、金日成から「核開発は民族統一の重要な課題だ」と説得されたという。韓国軍合同参謀本部が2003年に出した資料では、爆縮型プルトニウム核兵器を開発するのに大きく貢献したとされる。[39]1969年に出版された自伝の後記は「こんどこそは朝鮮民族の仇敵であり、全人類の仇敵であるアメリカ帝国主義者と朴正熙かいらい一味をせん滅せよ！」と記している。

一方、韓国も朴正熙（パクチョンヒ）政権が1970年代に核兵器開発を密かに進めていたことはよく知られている。米国の圧力で断念に追い込まれ、原子力協定が結ばれた。米国が韓国に配備した戦術核の削減を検討すると、1975年6月、朴正熙は米マスコミに「米国が核の傘を外すなら独自に核開発する」と言明した。

１９７４年に国際原子力機関（ＩＡＥＡ）に加盟した北朝鮮は１９８０年代に入るとその後の核兵器開発を進める基礎となるインフラ整備を着々と進めた。ウラン採掘施設、燃料棒加工施設、５メガワットの黒鉛減速炉と50メガワットの黒鉛減速炉（未完成）。懸念を強めた米国はソ連を通じて圧力をかけ、北朝鮮は１９８５年、核拡散防止条約（ＮＰＴ）に加盟した。しかし在韓米軍への核兵器配備を理由に北朝鮮はＩＡＥＡとの保障措置協定締結を92年までに拒絶、未申告の核関連活動への疑惑が深まった。

†米朝枠組み合意の破綻

北朝鮮は金日成死去直後の１９９４年10月、寧辺（ニョンビョン）の黒鉛減速炉の稼働を凍結する代わりに国際社会が北朝鮮東部の琴湖（クムホ）地区（咸鏡南道新浦（シンポ）市）にプルトニウムの生産が困難な軽水炉２基を建設する「米朝枠組み合意」をクリントン政権との間で結び、前年に脱退を表明したＮＰＴに復帰した。[40] 最高指導者の統治資金を管理する朝鮮労働党39号室で幹部を務め、今は米国に住む李正浩（リジョンホ）[41]は、金正日が核兵器開発を加速させたのは実はこの頃だと指摘する。「軽水炉ができれば電力、その前には火力発電所を回す重油を得ることができ、そして何より核兵器開発の時間を稼げる」。幹部向けの学習会では、枠組み合意についてこう説明を受けたという。

1991年のソ連崩壊で共産圏の経済的支援を失った北朝鮮は90年代後半、「苦難の行軍」と呼ばれる食糧危機で大量の餓死者を出す。韓国との経済格差は広がる一方で、装備近代化を進める米韓両軍との通常戦力での劣勢も隠せなくなると、北朝鮮は非対称能力の増強でこれを補おうとする。特殊部隊や生物・化学兵器、ソウルを狙う長射程の火砲、そして弾道ミサイルと核兵器の開発だ。金正日はプルトニウムと並ぶ核兵器の原料、高濃縮ウランの獲得にひそかに乗り出した。クリントン政権はその動きを断片的に察知していたものの、枠組み合意を優先した。ブッシュ（子）政権も2001年1月の発足当初、枠組み合意を維持する方向だった。

しかし、当時、東アジア・太平洋担当の国務次官補として北朝鮮との交渉に当たったジェームズ・ケリーによると、02年半ば、北朝鮮がウラン濃縮計画を本格的に進めていることを裏付ける決定的情報が第三国からもたらされる。枠組み合意に批判的だった政権内の対北朝鮮強硬派は文字通り「大喜び」したといい、合意を葬り去った。[42] 反発した北朝鮮はその後、寧辺の施設を再稼働させ、米国の要請に応じて日韓や欧州連合（EU）が朝鮮半島エネルギー開発機構（KEDO）に投じた巨額は水泡と帰した。

同じころ、北朝鮮とまったく逆の動きを見せた国がある。南アフリカだ。米朝枠組み合意の前年1993年3月、デクラーク大統領は同国が74年に原爆の製造に着手、広島に投下されたものと同等の威力を持つ原爆6個を製造したが、90年までにすべて自主廃棄したと明らかにした。

デクラークはのちに米アトランティック誌とのインタビューで「もしロシア（ソ連）が攻め込んできても国際社会の支援は望めない状況だった。そこで、いざというときに核を持っていることを公表すれば政治状況は変わって米国が南ア支援に動くという期待があった」と語り、核兵器はあくまで抑止目的だったと強調した。南アがアパルトヘイト（人種隔離）政策で孤立する中、ソ連はアフリカ南部での影響力拡大を図りアフリカ解放運動を軍事支援していた。核放棄を決めたのは冷戦の象徴だったベルリンの壁が崩壊し、共産主義の脅威が減退して安全保障上の必要性がなくなった上、南アの変革と国際社会への復帰姿勢を示したかったからだと語った。黒人政権の手に渡るのを嫌ったとの見方もあるが、デクラークは強く否定した。[43] 94年当時、南アフリカの経済紙「ビジネス・デー」はクリントン政権が北朝鮮のプルトニウム生産凍結だけで手を打とうとしていると報じながら、南アの核放棄は戦略ミスだったのかもしれないと評した。記事が正確に見通した通り、北朝鮮は核保有をあきらめないことで超大国を振り回し、4半世紀後にはついには首脳会談に持ち込んだ。

†フセインとカダフィの死

なぜ南アのように核放棄に応じられないのか。北朝鮮は今世紀に入って起きた二つの事例を教訓として挙げる。中東の独裁者、リビアのカダフィ大佐とイラクのサダム・フセイン大統領の末路だ。

２００1年9月11日の米中枢同時テロから約4カ月後の２００2年1月29日の一般教書演説でジョージ・W・ブッシュ大統領は大量破壊兵器により米国と同盟国を脅かそうとする国家として北朝鮮とイラン、イラクの３カ国を「悪の枢軸」と名指しして警告、核兵器などの獲得を阻止すると表明した。03年3月、英国と共にイラクに侵攻し、12月13日、出身地の北部ティクリット近郊に潜伏していたフセインを発見した。そして約1週間後の同月19日、米英首脳はリビアが核兵器など大量破壊兵器計画放棄を約束し、国際機関による無条件の査察受け入れに合意したと発表した。米政府によると、リビア側の要請で米中央情報局（ＣＩＡ）と英秘密情報局（ＭＩ６）が約9カ月間にわたり水面下で交渉。リビアは１９８０～90年代、ひそかに核開発を進めていた事実を認めた。米英がイラク戦争で見せつけた軍事力が大きく作用したことは想像に難くない。

国際社会は制裁を解除、米英は国交を正常化し、軍事独裁は体制の保証を得たかに見えた。しかし「アラブの春」が吹き荒れた２０１１年、リビアが内戦状態に陥ると、北大西洋条約機構（ＮＡＴＯ）は反体制派を軍事支援し、カダフィ政権は崩壊。カダフィは10月に潜伏先で民兵に拘束され死亡した。フセインが06年に絞首刑に処されてから約5年後、金正日の急死により金正恩が最高指導者となるわずか2カ月前の出来事であった。

ブッシュ政権がイラク侵攻の理由とした大量破壊兵器は存在しなかったことが米国自身の調査で結論づけられた。IAEAの査察ではリビアの核開発も初期段階で核兵器製造には遠い水準だったことが判明している。金正恩は核武力建設と経済建設の「並進路線」を打ち出した13年3月31日の朝鮮労働党中央委員会総会で次のように述べている。「自衛のための強力な国防力を持てず、帝国主義者らの圧力と懐柔に打ち勝てずに、既にあった戦争抑止力まで放棄した末に侵略の犠牲となったバルカン半島と中東地域諸国の教訓を決して忘れてはならない」(4月2日付労働新聞)。ここでいう「バルカン半島」は1999年にNATO空爆を受けたユーゴスラビアを指すとされる。[44] 北朝鮮はその後、イラク、リビアと明確に名指しするようになる。「イラク・リビア事態は米国の核先制攻撃の脅威を恒常的に受けている国が強力な戦争抑止力を持たなければ、米国の国家テロの犠牲、被害者になるという深刻な教訓を与えている」(2013年12月2日「労働新聞」)、「イラクのサダム・フセイン政権とリビアのカダフィ政権は制度転覆をたくらむ米国と西側の圧力に屈服し、核開発の土台をすっかり壊されて自ら核を放棄した結果、破滅の運命を免れなかった」(2016年1月6日の4度目の核実験を受けた8日付朝鮮中央通信論評)といった具合だ。

核放棄に応じれば制裁を解除し、国交を正常化する「リビア方式」は米国の不拡散政策の数少ない成功例となったが、北朝鮮にとっては禍々しい響きを持つものだ。ブッシュ政権で国務次官（軍備管理・国際安全保障担当）としてリビアとの交渉に当たったジョン・ボルトンはトランプ政権で大統領補佐官（国家安全保障担当）に起用された。２０１８年６月の初の米朝首脳会談を控えた5月、マイク・ペンス副大統領はＦＯＸテレビで「大統領が明確にしているように、もし金正恩が取引に応じなければリビア方式と同じような終わり方をするだろう」と発言。これに北朝鮮は激しく反発した。外務次官だった崔善姫（チェソンヒ）は同月24日の談話で核開発の初期段階にあったリビアと北朝鮮は比較にもならないとした上で「まさにリビアの轍を踏まないために、われわれは高い代価を払ってわれわれ自身を守り朝鮮半島と地域の平和と安全を守ることのできる強力で頼もしい力を育んだ」と強調した。２０１９年10月21日付労働新聞も「妥協の結果は悲惨だった。譲歩したがために主権を蹂躙（じゅうりん）され、社会的無秩序と混乱に陥り人民は不幸と苦痛を被るに至った」と論じた。

†悪の枢軸と日朝交渉

フセインは米国に徹底抗戦して敗れ、カダフィは国交正常化を選んだが悲惨な末路となった。「悪の枢軸」の一国として名指しされた金正日も座していたわけではなく、生き残りのためにかけに出た。日朝交渉である。小泉純一郎首相は２００２年９月17日に電撃訪朝し、金正日と初の日朝首脳会談に臨んだ。金正日は「特殊機関の一部」が日本人を拉致した事実を認め、謝罪。両首脳は日朝平壌宣言に署名した。

外務省アジア大洋州局長として水面下の交渉に当たった田中均によると首脳会談につながる接触が始まったのは2001年秋のことだった。同年9月に米中枢同時テロが起き、米国は10月、アフガニスタンのタリバン攻撃を開始。ブッシュ政権下、テロや大量破壊兵器拡散を防止するには「レジームチェンジ」(体制転換)しかないとするネオコン(新保守主義)の勢いが増していた。このことが北朝鮮指導部に次のターゲットは自国かもしれないとの深刻な危機意識を抱かせ、「米国と強固な同盟関係にある日本と関係改善を急ぐことが北朝鮮の安全担保に必要であるという戦略判断に繋がったのだろう」と田中は指摘する。ケリーによると、米国との対話をかたくなに拒んでいた北朝鮮は悪の枢軸演説を機に態度を軟化させた。

核問題を巡る協議も動き出し、翌2003年には米朝中3カ国協議を経てロシア、日本、韓国を加えた6カ国協議の枠組みが立ち上がり、2004年5月には小泉が再訪朝し、拉致被害者の子ども5人を連れて帰国した。2005年には共同声明で北朝鮮は核放棄を約束した。しかしプルトニウムの保有量やウラン濃縮疑惑の扱いを巡り協議は難航。日本も拉致問題の進展がないことを理由に6カ国協議合意に基づく経済支援を保留し、日朝対立が非核化交渉に影を落とす場面もあった。一方で、ブッシュ政権が小泉の初訪朝直後の2001年10月にケリーを訪朝させ、ウラン濃縮疑惑を公表したのは「日朝つぶし」（日本の外務省当局者）であったとの見方は根強い。朝鮮労働党関係者も「日朝首脳会談が残した教訓は米朝が動かない状況で日朝を動かしても意味がないということだ」と語る。

†ウクライナの教訓

「フセインは大量破壊兵器を製造しなかったが、家族ともども殺された。イラクは破壊されフセインは絞首刑に処された。北朝鮮人もみなそれを知っている」「小さな国々は独立と主権を守るためには核兵器を持つ以外の方法はないと考えている」

金正恩ではなく、ロシアのプーチン大統領の発言である。プーチンは米朝の緊張が高まっていた2017年9月5日、中国福建省厦門（アモイ）で開かれた新興5カ国（BRICS）首脳会議閉幕後の記者会見で「北朝鮮は雑草を食べることになっても、自国の安全が保障されていると見なさない限り（核開発の）計画をやめない」と語り、経済制裁を強化したところで北朝鮮が核放棄に応じることはないと断じた。

そのプーチンが始めたウクライナ戦争を見て金正恩は核への固執を一層深めているだろう。1991年12月のソ連崩壊で独立したウクライナ、カザフスタン、ベラルーシの3カ国は期せずして核保有国となった。核の運用権限はモスクワにあり、独自に運用、維持する能力もなかったとされるものの、ウクライナにはICBM約180基と核弾頭約1800個があり、米ロに次いで世界3番目の規模となる核戦力だった。

1992年5月、米ロと3カ国はロシアを旧ソ連の核兵器の唯一の継承国と認め、3カ国は7年間ですべての核兵器をロシアに搬出、非核保有国として核拡散防止条約（NPT）に加盟することで合意した。ウクライナには核維持論もあったが、核兵器や核物質の流出を強く警戒する米国は硬軟両様で放棄を説得した。1994年1月、ウクライナと米ロ首脳は、ウクライナ配備のすべての核兵器を搬出、全面廃棄することで合意。同年12月には米ロ英ウクライナの4カ国首脳がブダペストでウクライナの安全保証に関する覚書（ブダペスト覚書）に署名した。米英ロはウクライナに対して独立と主権、現状の国境を尊重するとし、領土の一体性や政治的独立を損なう力による威嚇や行使を控え、核兵器は決して使わないと保障する内容だ。3カ国からロシアへの戦略核弾頭の搬送は96年末までに完了した。

ウクライナが安全の保証を強く求めたのは、ほかならぬロシアへの警戒感からだった。当初は条約による保証を求めたが、米国は応じなかった。そしてウクライナの懸念は20年後、現実のものとなった。2014年のロシアによるウクライナ南部クリミアの併合である。何の制裁措置もない政治的な宣言だったブダペスト覚書は抑止力としてまったく機能せず、他国による「体制の保証」が当てにならないことを示した。オバマ政権で大統領次席補佐官（国家安全保障担当）だったアントニー・ブリンケン（現国務長官）は2014年6月のワシントンでの講演で「核兵器放棄や非核の誓いを考えているかもしれない世界の各国に対して、ひどいメッセージを送った。悪しき前例になる」と非難。ウクライナ情勢の行方は核軍縮や不拡散への国際社会の取り組みにも重大な影響を及ぼすとの認識を表明した。[45] しかし国際社会の関心は次第に薄れ、8年後、再びロシアのウクライナ侵攻を許すことになる。

ロシアの侵攻は核を手放したウクライナが攻め入られたことに加え、米国が核戦争へのエスカレートを懸念してロシアとの直接対決を避けていることにも北朝鮮は着目しているだろう。バイデン大統領は「第3次大戦になる。ウクライナでは戦わない」として、米軍の派兵やロシアに対する直接攻撃を控え、ウクライナへの武器支援という間接的介入にとどめている。米国が躊躇するのはロシアが核を持っているからであって、ロシアのような核戦力を構築すれば米国に攻撃されることはない。金正恩が「核の宝剣」への確信を深めたとしてもおかしくない。

3. 技術の源泉と国産化

†原子炉は英国デザイン

北朝鮮はその建国の歴史から旧ソ連の武器体系、軍事ドクトリンを引き継いでいる。日本の敗戦により朝鮮半島での植民地支配が終わった後、現在の北朝鮮の地域はソ連が占領し、1948年9月9日の建国後も軍事顧問団が長く常駐した。[46] 中国の支援を受けた時期もあるが、中国の兵器体系ももとをたどればベースはソ連であり、中朝両国は同根とも言える。一方で、前節で見たように、ソ連も中国も常に北朝鮮の核開発に警戒感を抱いていた。無条件で支援を得られたわけではなく、北朝鮮はイランやパキスタンとの取引、密輸やスパイ活動などの非合法手段や公開情報も駆使して核兵器とその運搬手段である弾道ミサイル開発に必要な資材や技術、ノウハウを獲得してきた。

数々の先行研究によると、北朝鮮は1970年代に核兵器の独自開発を最終決断したとみられている。1974〜78年に国際原子力機関（IAEA）への大使を務め、後に原子力工業相を務めた崔学根（チェハックン）はIAEAを通じて核関連の技術に関する資料を集めたとみられ、この頃に初歩的な再処理能力を獲得した。[47] ソ連が支援した小型の研究用原子炉IRT-2000を使ってプルトニウムの分離実験も行った。79〜85年、プルトニウム生産に適した5メガワットの実験用黒鉛減速炉を自力で寧辺に建設、86年に稼働を開始した。ロシアは燃料供給を拒否し、北朝鮮は自前の核燃料サイクルを整備した。減速炉の稼働に必要な天然ウランは50トン。北朝鮮のウラン鉱石1トンから天然ウラン1キロが採れることから、5万トンを採掘したとみられる。[48]

減速炉は英国で開発されたコルダーホール炉（マグノックス炉）を模倣したもので、燃料に天然ウラン、減速材と反射材に黒鉛を用いていた。北朝鮮は天然ウラン、黒鉛ともに豊富で、うってつけの設計だった。当時、英国核燃料会社（BNFL）のマグノックス炉の設計は学術誌で公開されていたといい、こうした情報を利用したとみられている。

未完に終わった寧辺の50メガワットの原子炉、泰川（テチョン）の200メガワット原子炉はフランスがプルトニウム生産用に開発した黒鉛減速炉（G2）がモデルだった。北朝鮮のプルトニウムはすべて寧辺の5メガワット黒鉛減速炉を使って生産したものだ。1年間で核兵器1個分に当たる5キロのプルトニウムが抽出できる。仮に50メガワットと200メガワットの原子炉が完成していたら北朝鮮はそれぞれ年間55キログラム（核兵器11個分）、220キログラム（核兵器44個分）のプルトニウム生産が可能になるとされた。[49]

†核の闇市場

米朝枠組み合意でプルトニウム型の核開発計画を凍結した北朝鮮はもう一つの道、高濃縮ウラン型の開発に本格着手する。1990年代後半、パキスタンの「核の父」と呼ばれたA・Q・カーンが築いた「核の闇市場」から遠心分離機やノウハウを調達。中国がパキスタンに提供した核弾頭の設計図も入手したとされている。北朝鮮は代わりに弾道ミサイル技術を提供するバーター取引だった。パキスタンの中距離弾道ミサイル「ガウリ」は、もとはノドンだ。ウラン濃縮施設は原子炉が必要なプルトニウム型開発と違って、電力さえあればどこでも建設が可能で、国土の多くを山地が占め、軍事施設の地下化が進んでいる北朝鮮では隠蔽も容易だ。

カーンは2004年2月4日、国営パキスタンテレビで、リビアや北朝鮮、イランに核関連資機材を拡散させた「核の闇市場」の存在を公式に告白し、国民に謝罪した。政府の許可は得ずに個人的な犯行だったと主張したが、米国の圧力を受けたパキスタン政府が幕引きを図ったとみられる。技術の供与先の一つとして名指しされた北朝鮮は翌年2月10日付の外務省声明で「自衛的核抑止力をつくった。われわれの核兵器はどこまでも自衛的な核抑止力として残るであろう」と核保有を宣言。「核兵器庫を拡大するための対策を取る」と表明した。北朝鮮はこの時点で自国内で核実験を行ったことは一度もなかったものの、1998年に核実験を行ったパキスタンから核兵器そのものの関連技術も得ているのは確実とみられた。

北朝鮮のウラン濃縮の水準は不明だったが、2010年11月、米ロスアラモス国立研究所の元所長ヘッカーや元米政府当局者らを寧辺の核施設に招待。ヘッカーは2000もの遠心分離機がカスケードを組む「産業規模のウラン濃縮施設」を確認し、「衝撃を受けた」と語っている。報告を受けた国務長官ヒラリー・クリントンは「非常に不穏だ」と懸念を示していた。寧辺の濃縮施設の完成度から、別の場所に研究開発拠点やパイロット施設があるのは確実と考えられたからだ。その後、米情報当局の追跡などにより、平壌近郊カンソンに大規模な濃縮施設があることが判明。トランプは２０１９年2月の金正恩との会談で、寧辺を含め「5つの核施設」があると突きつけたとされ、カンソンも含まれるとみられる。[50]

パキスタンのムシャラフ大統領は２００６年に出版した回顧録[51]でカーンと北朝鮮の取引が核分野に及んでいるのではないかと２０００年代初めから疑っていたと指摘。Ｐ１型とＰ２型の遠心分離機約20基を提供していたことを確認したとしているが、協力関係はもっと広く深かったというのが定説だ。北朝鮮はカーンネットワークを通じ、ウラン濃縮に使う六フッ化ウランをリビアに提供していたことも判明している。カーンの顧客であるだけでなく、核の闇市場を回していく上で不可欠のサプライヤーとして組み込まれつつあった。カーンは２００９年まで自宅に軟禁され、２０２１年死去した。

北朝鮮を除くと最後に核実験を実施した国は１９９８年のインド、パキスタン。インドはラジャスタン州ポカランの核実験場で5月11日に3回、同13日に2回の計5回、これに対抗する形でパキスタンは同月28日に5回、30日に1回の計6回の実験を行った。パキスタンの核実験ではプルトニウムが検出された。当時、パキスタンはＨＥＵによる核開発を進めていたことから北朝鮮の核実験を肩代わりしたとの見方がある。[52]

印パと北朝鮮の最大の違いは１９６８年に国連総会で採択された核拡散防止条約（ＮＰＴ）

への加盟の有無だ。第2次大戦の戦勝国でもある米国、ロシア（発効当初はソ連）、英国、フランス、中国の5カ国に核兵器保有国を限定しており、印パは差別的だとして加盟していない。北朝鮮もNPTに批判的だったが、ソ連の説得を受けて1985年に加盟した。1993年にIAEAの査察を拒否し、NPT脱退を表明したが、米朝枠組み合意を受けて撤回した。原子力平和利用の名目で技術協力を得ながら密かに核兵器開発を続け、2003年に再び脱退を宣言した。[53]

†集団通勤するロシア人

核兵器とその運搬手段は車の両輪と言える。1950年代に原子力開発に着手した北朝鮮は80年代に核開発のインフラをほぼ完成させ、これと前後する形で弾道ミサイルの開発を本格化させた。1993年にソ連の短距離弾道ミサイル「スカッド」を基に長射程化した中距離ノドンを日本海に向けて初めて発射、98年には多段ロケット（テポドン1号）により人工衛星打ち上げを試みたが失敗し、弾頭部分は三陸沖の太平洋に落下した。

北朝鮮は1968年にソ連からFROG-5短距離ミサイルを導入した。ただ、ソ連は製造技術は提供せず、射程が長いミサイルの供与にも難色を示した。そこで北朝鮮は中国の支援を仰ぐ。71年、中国と軍事協力協定を結び、75年には中国の戦術ミサイル「東風-61（D

F-61）」（射程600キロ）の開発計画にも参画したが、同計画は中国の国内事情により中止された。[54] ソ連、中国双方から弾道ミサイル技術導入の道を断たれた北朝鮮は別ルートを開拓した。遠く離れたエジプトである。第4次中東戦争（1973年）でエジプトを支援し空軍パイロットを派遣した返礼として、ソ連製の「スカッドB」（R-17E）と発射台付き車両（TEL）の入手に成功する。

北朝鮮が他国の製品を分解して研究し、国産化するリバースエンジニアリングを得意とすることはよく知られている。国営メディアは兵器実験の際に「完全国産」を強調するが、海外からの技術や物資調達は現在も北朝鮮の兵器開発、生産にとっては不可欠だ。1991年のソ連崩壊後の混乱期には多くの科学者や技術者をリクルートしたとされる。「平壌駅近くの住宅にロシア人技術者らが集住していた。毎日バスで出勤していた」。HY-150について話してくれた元国防委員会所属の脱北者が明かす。ソ連の軍需工場が集中していたウクライナの技術者も含まれていたとみられる。

†イラン、シリアとの「三角同盟」

金正恩体制になって弾道ミサイル発射実験の回数は段違いに増えたが、金正日体制下ではほとんど発射実験をせずに配備していた。これを説明する仮説の一つに、北朝鮮がシリアやイランで発射実験を行い、そのデータを共有していたとの見方がある。イランやパキスタンも北朝鮮からノドンを輸入し、弾道ミサイルの開発を本格化させた。2009年に北朝鮮がシリアで新型スカッドの発射実験を行った際はコースを外れた一部が市場に着弾、一般市民20人以上が死亡し、当局が隠蔽を図ったとの情報もある。[55]「責任ある核保有国」として核関連技術を第三国に移転しない。北朝鮮は何度もこう強調しているが、国際社会が信用しないのはこうしたミサイル技術の拡散に加え、決定的な理由がある。シリアでの原子炉建設支援だ。

米国やイスラエルは、北朝鮮とシリアが核分野で協力を進めている兆候を2000年代初めにつかんだ。その後、イスラエルの対外特務機関モサドの諜報活動により、シリア東部の砂漠地帯の渓谷に、北朝鮮がプルトニウム製造に使ってきた寧辺の黒鉛減速炉と同型の原子炉が建設され、完成間近であることが判明した。2007年9月6日、イスラエル軍のF15戦闘機の編隊が地中海からトルコ・シリア国境を縫うように、シリア領空に入り原子炉を空爆、破壊した。北京で断続的に6カ国協議が開催されていた最中の電撃作戦だった。

西側外交筋はこのシリアの原子炉の実際のオーナーはイランだったと断言、北朝鮮は技術、シリアは場所、そしてイランが資金を出す「三角同盟」の構図だと指摘する。同筋によると、イランは2009年夏ごろには、濃縮ウランの原料となる北朝鮮産イエローケーキ（ウラン精鉱）45トンをシリア経由でひそかに入手していた可能性が高い。[56]原子炉の燃料製造のためのものだったが、原子炉が破壊されて使い道がなくなったため、スポンサーのイランが引き取った形だ。元ドイツ国防省高官もスイス紙ノイエ・チュルヒャー・ツァイトゥングへの寄稿[57]で、イラン革命防衛隊の退役幹部が西側にもたらした情報として、シリアの核開発に関連し、イランが北朝鮮に10億〜20億ドルの資金を北朝鮮に提供したと明らかにした。

「イスラエル政府、国防軍、モサドはシリアが核の能力を獲得するのを阻止した。称賛に値する。敵が核兵器で武装するのを阻止するのはイスラエルの政策であり今も一貫している」。イスラエル首相ネタニヤフは10年が経過した2018年3月、空爆の事実を正式に認めた。[58]

†3・18革命

北朝鮮は2016年、米軍の要衝グアムを狙う中距離弾道ミサイル（IRBM）「火星10」（米軍呼称「ムスダン」[59]）の発射実験を繰り返した。旧ソ連の潜水艦発射弾道ミサイルを基に開発したとされ、既に実戦配備されたとみられていた。発射実験の結果は惨憺たるもので、ほとんどが空中爆発して失敗に終わった。第2章で見るようにオバマ政権が、北朝鮮が海外で調達していた部品に密かに誤作動を起こす仕掛けを仕組んだり、電子戦で妨害したりしていたとの報道もあるが、エンジンそのものに欠陥があったとの見方が一般的だ。北朝鮮が新型の「大出力エンジン」を導入したとたん、発射実験の成功率が飛躍的に向上したことがそれを裏付ける。

米国が秘密工作に成功したミサイル部品がムスダンにしか使われていなかったことも考えられる。新型エンジンを使ったミサイルの開発チームがムスダンの開発チームとは別だとすれば、使用部品や調達先が異なることもあり得るだろう。

２０１７年に初めて発射実験を行ったＩＲＢＭ「火星12」、大陸間弾道ミサイル（ＩＣＢＭ）「火星14」「火星15」、22年に発射した巨大ＩＣＢＭ「火星17」はいずれも1段目に同系列の新型の液体燃料エンジンを使っているとみられる。金正恩立ち会いの下、２０１６年9月に続き２０１７年3月18日に西海衛星発射場で燃焼実験を実施。翌日、国営メディアは「３・18革命」の成功を公表した。

国営メディアは新型エンジンについて外部の支援なしに自国で開発したと強調したが、公開された写真などから、ウクライナ東部ドニプロにある企業「ユジマシ」の工場で旧ソ連時代に製造された「ＲＤ−２５０」に酷似していることが明らかになった。[60] ウクライナ政府は自国からの技術流出を強く否定する一方、国連安全保障理事会の北朝鮮制裁委員会の専門家パネル（以下、国連専門家パネル）に対して新型エンジンがＲＤ−２５０の技術を使っている可能性が高いことを認めている。[61] 北朝鮮がＲＤ−２５０の完成品をブラックマーケットで調達した可能性も指摘されたが、専門家パネルによると、米情報当局は北朝鮮が自国で製造していると分析。各方面の情報を総合すると、北朝鮮は何らかの方法でＲＤ−２５０の実物か設計図を入手し、得意のリバースエンジニアリングの手法で国産化した公算が大きい。

ウクライナでのスパイ摘発

ウクライナやロシアの技術者が協力した可能性もある。2013年6月の国連専門家パネルの報告書によると、ユジマシでは2011年、北朝鮮の男2人が秘密指定されたミサイル技術の論文の写真を撮影したなどとしてスパイ容疑で拘束された事件があった。ニューヨーク・タイムズによると、ウクライナ当局のおとり捜査だったといい、2人は懲役8年の有罪判決を受けた。ベラルーシ駐在の北朝鮮通商代表部の職員を名乗っていたが、ウクライナ政府高官は「とても良く訓練されている。タフで本物のスパイだ」と語った。[62] ベラルーシで北朝鮮のミサイル関連物資調達に携わっていた脱北者によると、スパイ摘発の後、北朝鮮はウクライナ国内での活動を控えるようになったという。

米情報当局は以前からこの新型エンジンの存在を把握し、追跡していたもようだ。2015年、外交筋は筆者に対し、亡命した元北朝鮮政府当局者の話として、北朝鮮がイランに推力80トンの強力な新型エンジンを供給する計画が進んでいるとの情報を明らかにした。[63] 当時、このエンジンの詳しいモデルは不明だったが、同筋は北朝鮮がイランに供給を計画している別のエンジンは推力96トンでRD-250系列のRD-252を基に開発したものだとの見方を示していた。米財務省は16年1月、北朝鮮制裁を発表した際、北朝鮮とイランが推力80トンのエンジン開発で協力していると指摘。北朝鮮国営メディアは同年9月、「静止衛星運搬ロケット用」の新型エンジンの燃焼実験に成功したとし、その推力は80トンだと報じた。奇しくも米当局の発表を北朝鮮が追認した形だ。

北朝鮮は2022年7月、ロシアによる併合宣言に先立ち、ウクライナ東部ドネツク州やルガンスク州の一部を実効支配する親ロ派「ドネツク人民共和国」と「ルガンスク人民共和国」をいち早く国家承認した。ロシアのマツェゴラ駐北朝鮮大使はロシアメディアに対し、北朝鮮側はこの地域に残るソ連時代からの工場で生産される部品や設備に強い関心を抱いており、交易対象になる多くの商品があると語った。ウクライナ東部は軍需・宇宙産業が盛んだった地域で、北朝鮮としては足場を築く思惑がありそうだ。

†うり二つ

緑色の天幕に覆われた監視所で地図が広げられたテーブルに両肘を突き、たばこを指に挟んだまま大きな双眼鏡を構える金正恩。移動式発射台（TEL）[64]から垂直に打ち上がるずんぐりした形のミサイル。2019年5月5日、労働新聞が久しぶりに1面で金正恩のミサイル発射視察を写真付きで報じた。前日、日米韓は北朝鮮が東部・虎島（ホド）半島付近から日本海にミサイル

2発を発射、1発は最高高度50キロ以下の低い高度を250キロ飛行したことを探知していた。写真のミサイルはノズルから噴き出す炎と白い煙がスカート状に広がり、固体燃料であることを示す。ロシアの戦術ミサイルシステム9K720イスカンデル－Mの短距離弾道ミサイル9M723（米軍呼称SS-26）と酷似する新型短距離弾道ミサイルだ。2018年2月の軍事パレードで公開されていたが、発射公表は初めてだった。米軍は「KN-23」、日本の防衛省は「新型短距離弾道ミサイルA」、日本メディアは「北朝鮮版イスカンデル」などと呼んでいる。

イスカンデル－Mは核弾頭搭載も可能で、2010年代半ばに配備が始まったとみられている。ロシア軍はウクライナ攻撃に通常弾頭で投入している。公式発表では射程500キロ、実際にはさらに長射程とすることが可能とみられている。短距離スカッドなど放物線に近い軌道を描く旧式の弾道ミサイルと違い、高度約50キロ以下を水平方向に飛行。大気圏であるため尾翼で飛行中に軌道を変えることが可能とされ、命中率も格段に高い。

KN-23がイスカンデル－Mをベースにしているのは確実視されているが、北朝鮮がいつどのようなルートで入手したのかは不明だ。これまでにアルメニアやアルジェリアがイスカンデル－Mの射程を280キロに抑えた輸出用（イスカンデル－E）を輸入したことが確認されている。北朝鮮がイスカンデル－Eを輸入したことも考えられるが、初期の発射実験での飛距離（約250キロ）こそEの射程と一致するが、その後の飛距離はEだけでなくMの公式射程も大きく超えている。ロシアのプーチン大統領は2022年6月、国防システムの統合を進める同盟国ベラルーシにイスカンデル－Mを供与すると表明、実戦配備された。日本政府内ではロシアが北朝鮮にも供与したのではないかと疑う声も当初あったが、専門家の間では北朝鮮が独自改良を加えて国産化したとの見方が多い。

†日本の10年先

北朝鮮が既に核・ミサイルの高度な技術と製造インフラを自前で備えているとの認識は定着しつつあるが、2022年1月11日、北部慈江道（チャガンド）から日本海に向けて発射した「極超音速ミサイル」が見せた動きは予想を上回るものだった。防衛省によると、最高高度約50キロ程度を最大速度約マッハ10で飛翔した上、途中で左へ進路を変える水平機動が確認されたのだ。「KN-23」で上下方向に跳躍する変則的な動きは確認されていたが、水平方向の軌道変化に日本政府が言及したのは初めてだった。

翌12日付労働新聞は分離した弾頭が600キロ先で「滑空再跳躍」し、240キロを「旋回機動」して1000キロ先の目標に命中したと主張。極超音速兵器開発が21年1月の党大会で策定した国防5カ年計画の核心五大事業の中で「最も重要な戦略的意義」を持つと強調した。実験を視察した金正恩が眺めるモニターはミサイルの飛行ルートが示され、北朝鮮内陸部から東へ延びた線が日本海で左へカーブしていた。実際に確認したものなのか、予定ルートかは不明なものの、防衛省の分析と一致する。同省幹部は「何かやった。衝撃だった」と振り返る。極超音速ミサイルではなくＭａＲＶ（機動弾頭）だったとの見方もある。

極超音速兵器はおおむねマッハ５以上の極超音速で機動しながら飛行するミサイルだ。既存の弾道ミサイルはロケットエンジンで宇宙空間まで飛び出し、米国のＩＣＢＭ「ミニットマンⅢ」であれば燃焼終了時の最高速度はマッハ23に達するが、放物線を描きながら落下してくる弾頭の軌道計算は比較的容易とされる。これに対し、極超音速兵器は飛行中に一定の機動を行うことが最大の特徴だ。大きくは極超音速滑空体（ＨＧＶ）と極超音速巡航ミサイル（ＨＣＭ）とに分けられる。ＨＧＶはロケットで打ち上げられ、切り離された後は標的に向けて滑空する。ＨＣＭはスクラムジェットエンジンなどで大気圏の空気の薄い高度域を自力飛行しながら飛ぶものだ。いずれも通常の弾道軌道に比べて低い高度で飛んでくるためレーダーによる探知が直前となり迎撃困難とされる。既存の防空システムの突破が可能な「ゲームチェンジャー」となり得るとされ各国が開発にしのぎを削る。ロシアが先行し、米国はまだ実験段階だ。

日本も防衛装備庁が宇宙航空研究開発機構（ＪＡＸＡ）と共に極超音速ミサイルのスクラムジェットエンジンの研究を進めているが、配備時期はまだ見えていない。ＪＡＸＡの角田宇宙センター（宮城県角田（かくだ）市）には風洞実験施設がある。一方、北朝鮮でこうした施設の存在は明らかになっていない。自衛隊幹部は「日本の10年先を行っているのに実験施設は見当たらない。ロシアが部品や完成品、ノウハウを提供していると考えないと説明が付かない」と語る。22年1月11日の発射ではミサイルがロシア極東沿海地方の沖合へと旋回するコースをたどったことから、専門家の間では、ロシアの事前の了解があったとの見方や事実上の共同実験だったとの見方まで出ている。

米戦略国際問題研究所（CSIS）のイアン・ウィリアムズは「HGVは極めて先進的な材料工学と産業技術が必要であり、北朝鮮は外国の技術支援を受けている可能性が高い」とみている。[65] 北朝鮮が2021年9月に発射した「火星8」は一見、中国のDF17に似ているが、防衛省関係者は「中国は空気をつかみ機動性能の高いHGVを目指しているのに対し、ロシアのそれは空気を切り裂きながらより遠くを狙う設計思想。近海に近寄る米空母を狙う中国と、米本土を狙うロシアの違いだ」とした上で、北朝鮮のHGVはむしろロシアのものに近いと指摘する。

†ロシアを標的にし始めた米制裁

バイデン米政権は北朝鮮の核・ミサイル開発への制裁でロシアネットワークを標的にし始めた。2022年1月、北朝鮮の朝鮮労働党軍需工業部に所属し、ロシアを拠点に活動してきたオ・ヨンホとロシア企業を制裁対象に指定した。米国務省の発表によると、オ・ヨンホは1961年生。軍需工業部傘下のロケット工業部のためにケブラー繊維やアラミド繊維、ステンレス鋼管、ボールベアリングなどを調達していた。協力したのはパルセク社。航空燃料やコンピュータ数値制御工作機械を調達していたほか、驚くべきことに国務省の発表では、経営者のロマン・アナトリエヴィチ・アラルが固体燃料の調合方法も北朝鮮側に渡していたと明記している。財務省も同じタイミングでロシア極東ウラジオストクを拠点に電子通信関連機器を不正に調達していたチェ・ミョンヒョンに制裁を科した。

5月には第2自然科学院（国防科学院）傘下組織の代表としてベラルーシの首都ミンスクを拠点に活動するチョン・ヨンナムを指定。またロケット工業部のためトランジスターや油圧システムなど軍民両用品を調達したとして高麗航空貿易を指定。また高麗航空に銀行サービスを提供していたとしてロシアの極東銀行（ウラジオストク）を、北朝鮮の外国貿易銀行によるロシア衛星サービス使用料支払いを支援したり、外国貿易銀行のフロント企業の口座を開設したりしたなどとしてスプートニク銀行を制裁指定した。スプートニク銀行の所在地サマーラはボルガ川に面するロシア南部都市。航空宇宙産業の中心で宇宙船ソユーズを製造するプログレス社なども本拠としている。KN-23をはじめ北朝鮮の新世代ミサイル開発にロシアの技術が使われていることにバイデン米政権が業を煮やしていることが制裁追加からはうかがえる。

†3万人が開発従事

北朝鮮は世界中に張り巡らしたネットワークを通じて核・ミサイル開発に必要な技術や物資を獲得。リバースエンジニアリングも駆使しながら国産化を進めてきたが、これを可能にしているのは北朝鮮の人的リソースである。北朝鮮は「第2経済」と呼ばれる軍需経済部門が政府、党、民生分野にまで根を張り、兵器開発を支えている。その筆頭組織が党軍需工業部（旧機械工業部）だ。原子力総局や核兵器研究所、国防科学院、第4機械総局（ミサイル）、第5機械総局（核兵器）が下部組織として挙げられる。内閣傘下の原子力工業省、化学工業省、採掘資源省は原料の製造、調達に加え、資源輸出で外貨を稼ぎ、国家科学院は各大学などを統括し、人材育成、配置で貢献している。強力なリーダーシップを持つ独裁体制ならではの「選択と集中」が技術進展の原動力となっている。核兵器開発には100〜150の組織、人員にして9000人から1万5000人、ミサイル開発には50の研究機関、約3000人の科学者・技術者を含む約1万5000人が従事しているとの推計がある。核・ミサイル合わせれば最大3万人規模となる。軍需工場は北部慈江道に集中しており、北朝鮮国内でもとくに出入りが厳しく統制されている地域だ。

金正恩は2021年に国防科学院の関連研究所を設立したのに続き、国防科学技術者の養成機関である「金正恩国防綜合大学」に極超音速ミサイルの専門課程を設けたとの韓国報道もある。[66] ジェームズ・マーティン不拡散研究センターの18年の研究によれば、北朝鮮の科学者が中国など海外の研究者らと共同執筆した軍民両用技術や大量破壊兵器、その他軍事的に重要な論文は少なくとも100件を超える。[67]

IT人材の育成にも国家的に取り組んでおり、各国の大学対抗のコンテストでも上位に入っている。平壌の金策(キムチェク)工業綜合大は2019年、「国際大学対抗プログラミングコンテスト(ICPC)」でオックスフォードやハーバードを抑えて、ソウル大に続く8位に入った。16年には金日成綜合大学が京都大や北京大と同じ28位を記録している。数学コンテストでも常連だ。こうした人材が核・ミサイル開発やハッキングによる情報、技術窃取に動員されることは想像に難くない。米国家情報長官室(ODNI)の世界脅威評価は北朝鮮が米国の一部の重要インフラに「一時的、限定的な混乱」を引き起こすサイバー技術を持っていると推定している。

†北朝鮮版マンハッタン・プロジェクト

金日成時代から金正日時代にかけての核・ミサイル開発の草創期、北朝鮮版マンハッタン・プロジェクトは3人の人物が主導したとされる。[68] 研究・開発部門は1934年生まれの物理学者ソ・サングク。ソ連で教育を受け、金日成綜合大学で核物理学を教える傍ら、党組織指導部に属し兵器開発の人材選抜を担当、ソ連から核関連の資材調達も行ったとされる。既に引退しているが、英国は現在も制裁対象に指定している。製造部門では、軍需経済を統括する「第２経済委員会」の委員長も務めた朝鮮労働党の全秉鎬（チョンビョンホ）（１９２６—２０１４年）。Ａ・Ｑ・カーンのカウンターパートとしてパキスタンと核・ミサイル技術を取引したとされる。88歳で死去した際、国防委員会などの訃告は、全が「祖国を人工衛星製作・打ち上げ国、核保有国とする上で特別な貢献をした」と称賛した。軍では、軍総参謀長や党作戦部長、国防委員会副委員長を歴任した呉克烈（オグクリョル）（１９３０—２０２３年）が中心となった。１９８０年代からコンピュータを使い、核兵器・弾道ミサイル開発、さらには電子戦やサイバー戦を取り入れるなどして軍の近代化を進めたという[69]。

　金正恩は科学者や技術者を厚遇、優先的に住宅を供給するなどしている。国営メディアでは兵器開発を担う軍出身や技術系の高官らが金正恩と共に実験成功を喜び合う姿を頻繁に伝え、最高指導者との距離の近さが可視化されている。中でも空軍司令官出身の李炳哲（リビョンチョル）の存在感は突出している。韓国統一省の資料によると、２０１０年に軍大将に昇格、党中央軍事委員会入り。同じ年に金正恩が軍大将、党中央軍事委員会副委員長となり金正日の後継者としての地位を確定させており、李炳哲はこのころ既に金正恩を支える役割を期待されていたとみられる。金正恩体制下では党軍需工業部長や国務委員、党中央軍事委員会副委員長、党政治局常務委員、軍元帥に相次ぎ抜擢された。新型コロナウイルス対応で問責され一時姿を消したが、2022年4月の軍事パレードで再び壇上で金正恩の隣に立ち、復権した。

「ミサイル3人組」と呼ばれるのが金正植(キムジョンシク)党軍需工業部副部長、国防科学院の張昌河(チャンチャンハ)院長と同院所属の全日好(チョンイルホ)。全日好は金策工業綜合大自動化研究所長を務めた数値制御の専門家で、北朝鮮初のICBM「火星14」の発射成功後、頭角を現した。金正植と張昌河は2022年11月の新型ICBM「火星17」発射成功を受け大将の称号を得た。1年足らずだったが22年まで党軍需工業部長を務めた劉進(ユジン)は以前イランに駐在し、武器取引を仕切っていた人物とされる。[70]

核兵器開発ではリ・ホンソプ核兵器研究所所長と洪承武(ホンスンム)・党軍需工業部第1副部長がいる。金正恩が2020年7月に開催した党中央軍事委員会の「非公開会議」には久しぶりにリ・ホンソプが登場。日本政府当局者は「非公開会議としながら2人が写った写真を出したのは核兵器の戦力化が進んでいることを示す意図だ」と指摘。非公開会議では「軍需生産計画」の目標を承認。金正恩が関連の命令書に署名した。リは核兵器の原料となるプルトニウムや濃縮ウランを製造してきた寧辺の核施設の所長も務めた科学者だ。2017年9月にはICBM搭載用の「水爆」実験に先立ち、リが金正恩に水爆とみられる物体を前に説明する姿が党機関紙、労働新聞に掲載された。

4. 異形の経済——軍需工業と資金源

†「核は安上がり」

2013年3月31日の朝鮮労働党中央委員会総会で、金正恩は新たな戦略路線として「経済建設と核武力建設の並進路線」を打ち出した。「国防力を鉄壁に固めながら経済建設により大きな力を入れ、社会主義強盛国家を建設するための最も革命的で人民的な路線」だとし、地球上に核の脅威が存在する限り、絶対に放棄できないと強調。「新たな並進路線の真の優越性は国防費を追加で増やさずとも戦争抑止力と防衛力の効果を決定的に高めることで経済建設と人民生活向上に力を集中できるようにする点にある」と説明した。

実は「並進路線」は金正恩のオリジナルではない。祖父金日成が1962年12月の党中央委員会総会で提示、66年10月の党代表者会議で公式に採択された「経済建設と国防建設の並進路線」を半世紀ぶりに焼き直したものである。北朝鮮は62年10月のキューバ危機でソ連がキューバを守り抜かなかったとの不信感に加え、1965年の日韓国交正常化とこれを受けた日米韓3カ国の安保協力に危機感を抱き、国防力強化を決断したとみられている。

金日成は並進路線を打ち出した同じ党中央委総会で軍隊をこれ以上増やすことはできないとして「全軍幹部化」「全軍現代化」「全国土要塞化」「全人民武装化」の四大軍事路線で内実の強化を図る方針も決定した。[71] 朝鮮労働党出版社の『現代朝鮮歴史』（1983年）は「もし国防建設への支出を少なくし経済建設に多くの力を振り向ければ、人民経済はより急速に発展し人民生活を著しく向上させえたであろう」と指摘、国防のために人民生活を犠牲にしたことを率直に認めた。

金日成、金正恩とも安全保障環境を理由に軍事分野への支出を正当化する点では共通する。金日成が四大軍事路線による組織強化で国防費抑制を目指すとしたのに対し、金正恩は核戦力構築により国防費を抑制できるとして並進路線の改訂を図っている。2013年4月5日付の労働新聞は新たな並進路線の正当性について「われわれが経済建設で根本的な転換を起こそうとすれば、この部門への投資を増やさねばならない。核武力を強化すれば少ない費用で国の防衛力を堅固に固めながらも、いくらでも経済建設と人民生活向上に大きな力を回すことができる」と主張した。背景には通常戦力では質・量ともに韓国軍に追随するのが困難な現実がある。「非対称戦力」の強化で対抗する狙いだ。「核は安上がり」との主張は北朝鮮の専売特許ではない。米国の初期の核抑止戦略も、経済的な制約の下でソ連の強大な通常戦力に対抗する必要に迫られる中で考案された。

金正恩の経済と核の並進路線は、先軍政治を掲げた父、金正日総書記との違いを打ち出し、新たな時代の到来を予感させる意図もあったとみられる。金正日時代の1990年代後半から「苦難の行軍」と呼ばれる経済危機に陥り、DIA報告書によると3年間で100万人近い国民が餓死したとされる。[72] 金正日は体制維持のため軍への依存を強めた。しかし並進路線と言いながら、結果的に国防を優先する点では共通している。韓国統一研究院の『北韓知識事典』（2021）は「目に見える経済的成果を出すことができず、事実上、「核・ミサイル能力高度化」路線だった」と断じている。

†国防費はGDP20〜30％

北朝鮮が軍事分野にどれだけを費やしているかは北朝鮮が他の経済データを含め公開しておらず、各種推計もかなりばらつきがある。

北朝鮮が2023年1月の最高人民会議で発表した「国防費」は同年予算歳出総額の15・9％。4年連続同じだが、近年は実際の額を公表していない。ストックホルム国際平和研究所（SIPRI）のデータベース[73]では、北朝鮮の軍事支出額は2018年が最後で約16億ドル。北朝鮮当局の報告に基づく数字といい、軍需工業や軍民両用分野での研究開発費や兵士らに対する福利厚生、軍人年金などは含まれていない。

脱北した軍需工業関係者によると、最高人民会議が発表する「国防費」は国防省をはじめとする武力機関に内閣が割り当てる予算に限られ、核・ミサイル関連の費用は含まれていない。軍需経済を統括する第2経済委員会や国防科学院の費用は別会計として党軍事委員会が承認する形となっており、「国家経済の司令塔」（金徳訓（キムドクフン）首相）とされる内閣が口出しする権限はないという。同関係者は軍需経済が北朝鮮経済の「50％以上」を占めると見積もった。これは軍系列の工場や企業による経済活動を含めたくくりだろう。

米国務省は北朝鮮が2009〜2019年、GDPの21・9〜26・4％（30億〜43億ドル）を軍事支出に充てたと推計。[74] 額はともかくGDPに占める割合では世界トップで突出している。米国防情報局（DIA）の報告書も、国防費がGDPの20〜30％を占め、70億〜110億ドルに達するとの推計を引用。北朝鮮が海外での物資調達や国内での核・ミサイル開発のために十分な財源を充当しているのに加え、原材料や電力の割り当てでも軍事部門が優先されていると指摘している。[75]

†核・ミサイルの費用

核戦力に軍事費を投入するのは安上がりというのは理にかなっているように聞こえるが果たしてそうか。米国の核問題専門家ブルース・ブレア（故人）らは2011年時点で北朝鮮が少なくとも国防費の6%、5億ドル程度を核・ミサイル開発に充てていると推計した。非政府組織（NGO）「核兵器廃絶国際キャンペーン（ICAN）」は、ブレアの試算基準を基に、北朝鮮は21年、核兵器の製造や維持に6億4200万ドルを費やしたと推計した。過去最多の数のミサイルを発射した22年は当然さらに膨らんでいるだろう。

米ランド研究所のブルース・ベネットは弾道ミサイル発射実験で1発当たりの費用を短距離弾道ミサイル（SRBM）300万～500万ドル、中距離弾道ミサイル（IRBM）1000万～1500万ドル、大陸間弾道ミサイル（ICBM）2000万～3000万ドルと試算している。ミサイル本体や燃料の費用で、インフラ建設や人件費は加味されていない。ベネットは「核兵器関連の資材はオープンマーケットではほとんど買うことができない。金正恩は（ブラックマーケットで調達するため）かなりの高額を払っているだろう」と指摘する。

韓国の国防研究院（KIDA）がベネットの試算に人件費などを加味した試算では、22年1～6月の弾道ミサイル・巡航ミサイル発射17回33発の発射にかかった費用の総額は約4億～6・5億ドルに上る。北朝鮮産のコメに換算すれば51万～84万トンに相当し、同年の食糧不足の59～98%を補える金額だ。[76]

北朝鮮が21年6月に国連に提出した報告書では19年の国内総生産（GDP）は335億400万ドル。[77] この数字が正しいとしても韓国の同年のGDP（1兆6467億3921万ドル）の

2%に過ぎない。ミサイル発射の費用は重いコストになっているはずだ。もちろん北朝鮮の経済システムは米韓や日本とはまったく異質で単純な比較はできない。外部の試算は北朝鮮批判の政治的意図を差し引く必要もあるが、北朝鮮が軍事部門、とりわけ核・ミサイル開発に多額の予算を投じているのは疑いない。

†人口5%が兵士

韓国の国防白書(2022年版)によると、朝鮮人民軍の総兵力は約128万人(陸軍約110万人)で、人口2544万8350人(2019年時点、北朝鮮発表)[78]の5%に当たる。これに対し、韓国軍は約50万人(陸軍36・5万人)で人口5181万5000人(2022年推計)の1%。半分の人口で、倍以上の規模の兵力を養っていることになる。韓国の情報機関、国家情報院が2021年2月に国会情報委員会で明らかにしたところによると、北朝鮮の兵役は男性8~9年、女性6~7年だったが、男性は7年、女性は5年に短縮した。人的資源を経済活動に振り分ける狙いとみられている。

北朝鮮兵士は建設作業や農作業に動員されており、労働力の一角を担う。実際に軍としての配置に就くのは1年のうち半年程度とされる。北朝鮮がとりわけ春の米韓合同軍事演習に反発してきたのは、農業で大切な時期に兵士らを前線に配置せざるを得なくなり、農村支援を含めた経済活動を中断しなければならないことも大きい。

核武装路線により軍が優遇されているように考えがちだが、内実は複雑なようだ。南北関係筋は「核・ミサイル開発の金は軍需工業部門に落ちるのであって、軍が潤うわけではない。必ずしも歓迎されているわけではない」と明かす。金正恩体制下、建設事業をはじめ民生分野に兵士らが駆り出される傾向は強まっている。[79]

†工場潜入

中国東北部遼寧省の丹東。鴨緑江を挟んだ対岸は北朝鮮新義州(シンウイジュ)だ。2020年冬に訪れた丹東郊外の工場では北朝鮮人の男女数十人がコイルなどの電子部品を黙々と手作業でつくっていた。小さな工場だが、ゲートは常に閉じられていて警備員が常駐。監視カメラと撮影禁止の表示がある。北朝鮮人労働者が働く工場の典型的特徴だ。記者であることを伏せて中に入ると、そこは北朝鮮の工場がそのまま引っ越してきたかのような光景が目に飛び込んできた。「偉大なわが国家のために」。壁には金正恩への忠誠を訴えるスローガン。翌年1月開催が予告されていた5年ぶりの党大会に向け、増産運動「80日戦闘」の目標達成を呼び掛ける張り紙や、新型コロナウイルス予防を理由に一切の外出を禁じる注意書き。いずれも北朝鮮特有の字体のハングルで書かれ、北朝鮮の歌謡が流れている。出資しているのは元在日朝鮮人だという。

北朝鮮と国境を接する遼寧省や吉林省延辺朝鮮族自治州にはこうした工場が多くあり、製品は中国製として韓国などに輸出される。地元関係者は日本向けの衣類をつくっている工場もあると明かす。朝5時半起床、7時作業開始。昼食1時間に午前、午後1回ずつ15分間の休憩。一日を総括して作業場を離れるのは午後7時。夕食を取って9時半に就寝——。「北朝鮮人は朝から晩までよく働き、賃金は中国人の3分の1。雇う側としてはありがたいが、自由は一切なく気の毒にも思う」(工場関係者)。労働者らはグループで派遣され、工場敷地内の寮で集団生活を送る。多くは20代の女性だ。

髪を切ったり、簡単な病気の治療をしたり、すべて仲間内で完結する。徹底した監視下に置かれ、携帯電話所持は言うまでもなく、中国のテレビを見ることも許されない。

中国の地方都市で働く北朝鮮人労働者の月給は2000元(約4万円)前後だが、国への上納分を含め、大半を北朝鮮の派遣元の組織が徴収。国への上納分は月に1人100ドルとの情報もある。本人に残るのはひどければ1割程度だ。それでも国境封鎖前、志願者は絶えなかったという。「外貨があるかないかで北朝鮮での生活は天と地の違いがある」(脱北者)からだ。

軍需中心の経済構造を築き、核武装の道を選んだ北朝鮮に対し、国際社会は段階的に経済制裁を強化してきた。

国連安全保障理事会は北朝鮮が最初の核実験を行った2006年10月以降、これまでに10回の制裁決議を採択している。当初は、核・ミサイルなど大量破壊兵器開発に携わる特定の人物や組織、関連物資を標的にし、海外渡航や金融取引の禁止、資産凍結、貨物検査強化などが主な内容だった。しかし、核・ミサイル開発に歯止めはかからず、安保理は２０１６年以降、民生分野もターゲットに事実上の経済封鎖に踏み込んだ。

北朝鮮の外貨収入源となっていた石炭や鉄鉱石などの天然資源、繊維製品や海産物を禁輸し、制裁強化を主導したトランプ政権は北朝鮮の輸出の9割を遮断したと説明した。そして２０１7年12月、北朝鮮のＩＣＢＭ「火星15」発射を受け中国、ロシアの同意を取り付けて採択した制裁決議では、北朝鮮が海外に派遣している労働者を2年内に本国に送還するよう国連加盟国に義務付けた。丹東の工場を訪ねたのは、労働者の送還期限から1年が経過したころだった。

†労働力再編

多くの国が北朝鮮人労働者を退去させたが、２０２０年1月、北朝鮮が新型コロナウイルス対策で国境を封鎖してしまったことから中国には世界各地から帰国しようとしていた労働者も含め多くが滞留することになった。北京では有名店を含めて中華料理店での雇用が目に見えて増え、数十店に上る。異口同音に「実習中。お金はもらっていない」と語る。しかし南北関係筋が明かした一例では、派遣元に支払われる賃金は日本円換算で月約6万円。本人の取り分は約1万2000円、北朝鮮大使館関係者に約3000円が渡るとのことだった。

国境封鎖後も中国国内では農場などで北朝鮮人労働者が新たに集団派遣されている。北朝鮮国内から新たに出てきているとの情報もあるが、確証は得られていない。もしそうでないとすれば、別の国を追い出された労働者らを組織し直して再配置している公算が大きい。米国務省高官は20年12月、中国が北朝鮮の制裁逃れに加担、少なくとも2万人以上の労働者を受け入れていると非難した。

米政府は制裁決議が採択された時点で、海外で働く北朝鮮人労働者は10万人近くに上り、このうち5万人が中国、3万人がロシアに滞在しており、収入の強制徴収により5億ドル以上の収入を得ているとの推計を発表した[80]。もちろん全額が直接的に兵器開発に回されるわけではないが、核・ミサイル開発を続ける金正恩体制を支えているとは言えるだろう。朝鮮労働党39号室の元幹部李正浩（リジョンホ）によると、労働者らは党や政府組織、傘下の国営企業などが派遣している。個別企業の「自力更生」と言える。一定額を党に上納すれば、残りの金の分配は各組織の裁量だ。ただ金正恩はコロナ対策の国境封鎖後、野放図になっていた企業管理の引き締めを図っており、自由度は小さくなっているだろう。

†IT労働者

海外出稼ぎ労働の中でもほぼ確実に核・ミサイルをはじめとする軍需部門の資金源となっているとみられるのがIT労働者だ。電子部品や衣料、食品加工などの工場や建設現場、飲食店などでの単純労働とは桁違いの収入を得ている。国連安全保障理事会の北朝鮮制裁委員会の下で制裁違反を調べる国連専門家パネルの報告書（2020年3月、8月）によると、多くは党軍需工業部が派遣しており、少なくとも1000人を中国やロシアをはじめ世界各地に派遣。さまざまな手段で身分を偽装し、中ロやセルビア、ウクライナのほかカナダや米国の顧客から仕事を請け負っている。1人当たりの平均的な月収は5000ドルで、このうち約3分の1が国家に上納される。単純計算でも年間2000万ドル、20億円以上を納めている。

米国の見積もりではさらに額は大きい。米財務省、国務省、連邦捜査局（FBI）が出した詳細な勧告[81]によると、北朝鮮は「高度な技術を持つ数千人のIT労働者」を海外に派遣。北朝鮮の一般的な出稼ぎ労働者の少なくとも10倍以上の賃金で、年間30万ドルを稼ぐケースもある。最大で賃金の9割を徴収し、政府収入は年間数億ドル（数百億円）を得ている可能性があるとしている。国連専門家パネルの推計と桁が一つ違う。多くはフリーランスとしてオンラインで仕事を請け負う。スマホやウェブのアプリ関係が多い。VPNや第三国のIPアドレスを利用して北朝鮮人であることを隠し、米在住のテレワーカーを装うことも多いという。最大の派遣元は党軍需工業部の「３１３総局」。ほかには原子力工業省、国防省や朝鮮人民軍、教育委員会（日本の文部科学省に相当）の「海外交易室」などを列挙。米財務省は２０２２年3月には軍需工業部傘下のロケット工業部の４つの貿易会社をＩＴ労働者派遣や外国でのレストラン経営で資金を調達しているとして独自制裁の対象に指定した。

†偵察総局のサイバー戦士

国連専門家パネル報告書（２０２０年3月）によると、北朝鮮は貴重な外貨収入源となっている海外へのＩＴ労働者派遣が目立たないよう、ハッキングなどの違法行為は固く禁じている。北朝鮮によるサイバー攻撃やネット犯罪は最近ではほとんどが国内を拠点にしており、専門のハッカーたちが担っている。その大本締めとみられているのが、有名な偵察総局だ。国務委員会直属、つまり金正恩直属とされる。さまざまな工作活動に加え、近年とりわけサイバー領域での活動が注目を集めている。偵察総局は朝鮮人民軍や党の情報機関が統合された情報・工作機関だ。金英哲（キムヨンチョル）書記が初代局長だ。韓国海軍哨戒艦「天安艦」沈没を指揮したとも目されている。

米陸軍の報告書では、北朝鮮のサイバー部隊の中心は偵察総局の「１２１局」。２０１０年時点では約1000人だったのが6000人以上を擁し、ベラルーシ、中国、インド、マレーシア、ロシアなどを拠点にしている。韓国の作戦計画を窃取するのにも成功したとしている。アンダリアルグループ（1600人、攻撃に備えて敵のコンピュータシステムを偵察）、ブルーノロフグループ（1700人、サイバー経済犯罪で体制のための資金獲得）、電子戦ジャミング連隊（軍事境界線に近い開城、海州、金剛山に3つの大隊か）、ラザルスグループの4つのグループを傘下に置く。[82]

金正恩は最高権力者となった初期からサイバーに強い関心を示していたようだ。韓国情報機関、国家情報院は2013年、金正恩がサイバー攻撃を核、ミサイルと並ぶ「三大攻撃手段」の一つと見なし、「人民軍隊の打撃能力を担保する万能の宝剣だ」と発言したと明らかにした。

米国の北朝鮮担当特別代表ソン・キムは22年4月の記者会見で「サイバーによる洗練された機敏なスパイ活動、犯罪、攻撃の脅威」への対処が必要だと強調。「北朝鮮のサイバー活動による不法な収入は大量破壊兵器と弾道ミサイル計画の直接の財源となっている」「金正恩はIT労働者を外貨の重要な収入源とみなし活動を支援している」と指摘した。

†仮想通貨を荒稼ぎ

米国家情報長官室は北朝鮮が世界中で金融機関や仮想通貨交換所にサイバー窃取を行い数億

ドル（数百億円）を盗み出した可能性があるとしている。米仮想通貨分析企業チェイナリシスが2022年1月に発表した報告書[83]によると、ランサムウエア（身代金要求型のコンピューターウイルス）の出元となっている国として北朝鮮はイラン、ロシア、中国に次ぐ。北朝鮮は2021年に少なくとも7回の仮想通貨へのサイバー攻撃で4億ドル近くに相当する暗号資産（仮想通貨）を入手した。ターゲットは投資会社や仮想通貨交換業者で、偽サイトに誘導するフィッシングやシステムの脆弱性攻撃、マルウエア（悪意のあるソフト）を仕掛けて暗号資産を引き出し、いったん入手すると巧妙に資金洗浄し、現金化しているという。

北朝鮮のハッカーグループで最も悪名高いのが前述の偵察総局傘下のハッカー集団ラザルスグループ、別名「APT38」だ。2014年、金正恩暗殺計画を描いたコメディー映画「ザ・インタビュー」を製作したソニー・ピクチャーズエンタテインメント（SPE）を攻撃したことで一躍有名になったが、その後はサイバー窃取に重点を移し、18年以降は毎年2億ドルを超える仮想通貨を窃取している。17年にかけて北朝鮮は核実験やICBM発射を相次ぎ強行、国連安保理はかつてなく広範かつ強力な経済制裁措置を導入した。サイバー窃取へのシフトはこれに対応する動きとみることができる。

一方で、北朝鮮のハッカーグループが2017〜21年に行った49回のサイバー攻撃で盗んだ仮想通貨1億7000万ドルは資金洗浄せずに保有していることも判明。理由は不明だが、足がつくリスクを冒してまで慌てて現金化する必要はない懐具合であるのかもしれない。こうした数字がどこまで信頼できるかは定かでないが、国連専門家パネルの年次報告書はチェイナリシスの報告書を引用。さらに北朝鮮が2020～21年に北米、欧州、アジアで5000万ドルを窃取したとの加盟国情報を盛り込んだ。ニューヨーク連邦準備銀行のバングラデシュ中央銀行の口座から8100万ドルを窃取することに成功したという。

米連邦捜査局（FBI）は22年4月15日、ラザルスと「APT38」がオンラインゲーム「アクシー・インフィニティ」のシステムに侵入し、約6億2000万ドル相当の仮想通貨イーサリアムを窃取したと発表した。窃取規模は暗号資産としては最大級だ。

米財務省は22年11月8日、「トルネード・キャッシュ」を制裁対象に指定した。盗んだ仮想通貨の出所が分からないようにする「ミキシング」というサービスを提供していたとされる。ラザルスグループが盗んだ仮想通貨4億5500万ドルの洗浄にも使われた。日本の暗号資産交換業者もラザルスのサイバー攻撃の標的になっている可能性が高いとして警察庁は22年10月、金融庁などと連名でラザルスについて注意喚起したのに続き、12月には独自制裁の資産凍結措置対象に加えた。

†ウクライナ特需

　2020年に北朝鮮が新型コロナウイルス対策で国境を封鎖後、中国への石炭密輸はしばらく止まっていたが、21年から徐々に再開している。国連専門家パネルの報告書によると、衛星写真や船舶自動識別装置（AIS）記録の分析から南浦港などで石炭を積んだ貨物船が中国山東省煙台や浙江省寧波に航行した例が多数確認されている。中朝とも明白な国連制裁決議違反である。習近平政権は2060年までのカーボンニュートラル実現を目指すとの国際公約を掲げ、石炭火力の抑制策を推進してきた。しかし中小の炭鉱が次々と閉山に追い込まれたことを背景に2021年、石炭価格は高騰した。これが北朝鮮産石炭の引き合いにつながっているようだ。

　かつて輸出総額の3割を占めたともいわれる武器や関連技術の取引を活発化させる可能性もある。北朝鮮は1980年代から本格的にミサイルを輸出するようになり、取引先はイランやシリア、パキスタンのほか、エジプトやリビア、UAE、イエメンなど、中東やアフリカ、南アジアの広範囲に及んだ。

　クリントン政権は90年代後半からの米朝ミサイル協議でミサイル輸出中止を働きかけた。これに対し、北朝鮮は経済制裁の解消や補償を要求、毎年10億ドルの支払いを要求したとされる。

米軍は2002年、イエメン沖でスカッドなどを積んだ北朝鮮船舶を臨検、イエメンに北朝鮮からの購入停止を確約させた。当時は国連安保理決議で武器供与を禁じられていたイラクを除き、北朝鮮によるミサイル輸出は国際法上合法だったが、その後の北朝鮮に対する安保理決議で違法となった。中東の外交筋によると、北朝鮮は国際社会の監視が厳しくなり部品や完成品の輸送が困難になると、イランやシリアに技術者を派遣、ミサイル工場の建設やメンテナンスを請け負うようになった。

北朝鮮は核関連技術を他国に移転しないと何度も表明している。しかし既に見たようにシリアでは原子炉建設を請け負い、リビアにはウラン濃縮に必要な六フッ化ウランなどを供給していたことが判明している。イランとの軍事協力は今も続いている公算が大きい。ソフトウェアの下請けのように兵器関連のプログラムを支援する可能性もあるだろう。

米政府は22年12月、北朝鮮がロシア民間軍事会社「ワグネル」に歩兵用のロケット砲やミサイルを売却、11月にロシアへ運び込んだと発表した。北朝鮮、ワグネルとも否定したが、米政府は年明け、武器を運んだとされる列車を捉えた衛星写真を公表した。北朝鮮はミサイル輸出全盛期、スカッドを毎年100発製造していたとされる。米政府はワグネルが北朝鮮からの武器調達を続けると分析しており、北朝鮮の軍需産業は少なくとも一時的には「ウクライナ戦争特需」にわくことになりそうだ。

第２章

「前線」となる日本
――米朝危機の内幕

日本海で共同訓練する米空母。左からロナルド・レーガン、ニミッツ、セオドア・ルーズベルト。レーガンの後方は海上自衛隊の護衛艦いせ（海上自衛隊提供、2017年11月12日）

1．軍事オプションの浮上

†ディスコボール

「核弾頭を軽量化して弾道ロケット弾に合わせて標準化、規格化を実現した。これが真の核抑止力だ。朝鮮人が決心さえすればできないことはない」

朝鮮中央通信は2016年3月9日、金正恩が核兵器化事業を指導したと伝えた。米メディアが「ディスコボール」と名付けた銀色の球状の物体を前に核兵器研究部門の科学者らと話す金正恩の写真も公開された。背後には寝かされた状態のICBM「KN－08」（発射実験はされず）が写り込んでいる。

ディスコボールは直径約60センチ。「コア（核物質）」は外した模型とみられるが、米モントレー国際問題研究所の核・ミサイル専門家ジェフリー・ルイスは写真をもとに、①弾頭重量は数百キロ、②爆発威力は長崎原爆と同程度の20キロトン、③「ノドン」に搭載可能な大きさだと分析した。ニューヨーク・タイムズは同年5月、北朝鮮が核兵器を小型化し、韓国や日本を射程に入れる短・中距離弾道ミサイルに搭載する能力を有していると米韓の情報当局者らが結論づけたと報道。米軍高官は12月、ワシントンで記者団に対し、再突入技術はまだ完成していないものの核弾頭は既に小型化しているとの見解を示し、「北朝鮮のことを考えると夜も眠れなくなる」と吐露した。

†36年ぶりの党大会

2016年5月、平壌で第7回朝鮮労働党大会が開かれた。党大会開催は金日成(キムイルソン)主席時代の1980年以来、実に36年ぶりだった。北朝鮮は80年代以降、韓国との経済格差が拡大。90年代後半には「苦難の行軍」と呼ばれる食糧難に見舞われ、党大会を開く余裕がなかった。

2000年代に入って右肩上がりの中国の経済成長につられて北朝鮮の景気も鉱物資源輸出などにより好転。党大会開催は、金正日(キムジョンイル)時代の「過酷な時期」が過去のものとなったことを印象付けるものだった。金正恩は活動総括報告で北朝鮮が「核強国の戦列」に加わったとした上で、米国に朝鮮戦争の休戦協定を平和協定に換え、在韓米軍を撤収するよう要求。米国の核の脅威が続く限り、並進路線を堅持し、抑止力としての核戦力を質・量的にいっそう強化していくと強調した。「時代は変わり、わが国の地位も変わった。核強国の地位にふさわしい対外関係を発展させていかなければならない」とも語った。この時点で核・ミサイル開発継続と外交展開は両立可能と考えていたようだ。

†オバマ政権のサイバー攻撃

「米国が軍事オプションを真剣に検討すると言ったら、東京はどう反応すると思うか」。今も北朝鮮政策に携わる米政府高官が、筆者にこう尋ねたのはオバマ政権末期の2016年4月、朝鮮労働党大会の直前だった。1月に北朝鮮は4回目の核実験、2月には日米が長距離弾道ミサイル実験とみなす「人工衛星」打ち上げを強行していた。経済制裁などによる圧力を強化しながら核放棄に向けた北朝鮮の態度変化を待つ「戦略的忍耐」はいっこうに実を結ばず、米朝の軍事的緊張は既に水面下で高まりつつあった。

ニューヨーク・タイムズによると、オバマは2014年、国防総省に対して北朝鮮のミサイル発射を阻止するためサイバー攻撃や電子攻撃の強化を指示した。ミサイルが発射地点に設置される前や発射直前を狙って軍事施設にサイバーやレーザー攻撃を仕掛ける作戦を検討。ミサイル防衛（MD）の技術的限界に加え、北朝鮮は既に核兵器製造のノウハウを入手しており、ICBMを阻止する以外にないとの判断もあったとされる。[84] 米著名ジャーナリスト、ボブ・ウッドワードはこのサイバー攻撃はオバマが大統領に就任1年目の2009年に始まったと指摘。ほかに北朝鮮のミサイル入手を狙った極秘作戦もオバマ政権下で承認されたという。

第1章で見たように、北朝鮮は2016年、米軍の要衝グアム攻撃用に開発されたとみられる中距離弾道ミサイル（ＩＲＢＭ）「ムスダン」（北朝鮮名「火星10」）の発射実験を繰り返した。軍事パレードで何度も登場し、イランに部品が送られていることも判明。韓国軍は２００９年、ムスダンが実戦配備に入ったとの分析を明らかにしていたが、北朝鮮での発射実験確認は初めてだった。結果は惨憺たるものだった。爆発、軌道逸脱、空中分解――。発射実験の失敗率は88％に上った。北朝鮮はその後、ムスダンとは別系統のＲＤ２５０エンジンを使ったミサイル開発を急進展させ、２０１７年、ＩＲＢＭ「火星12」やＩＣＢＭ「火星14」の発射を立て続けに成功させた。ムスダンは開発を中断したとみられているが、その他の実験がおおむね成功しているのを見るとサイバー攻撃が十分な効果を上げたとはいいがたい。

ウッドワードによると、オバマは２０１６年９月には国家安全保障会議（ＮＳＣ）に対してサイバー攻撃と組み合わせた先制攻撃により北朝鮮の核兵器や関連施設をすべて除去することが可能かについても検討を指示した。５回目の核実験強行に業を煮やしたとみられる。国防総省は目標を達成する方法は地上部隊による侵攻しかないと報告した。地上侵攻に対して北朝鮮は核使用で応じる可能性が高い。オバマは攻撃を断念した。米政府高官が筆者に軍事オプションに関する意見を聞いてきたのはこれより半年近く早い。政権内で既に手詰まり感が漂っていたことを物語る。

同年10月、オバマ政権で６年間にわたり米情報機関を統括してきた国家情報長官ジェームズ・クラッパーは講演で「北朝鮮を非核化しようという試みはおそらく見込みはない。(核は)彼らが生き残るためのチケットだ」と述べ、軍備管理交渉で核戦力の増強に歯止めをかけるのが現実的だとの考えを明言した。こうした認識は当時、政権内でかなり広がっていたが、現役の高官が公の場で語るのは異例だった。

†トランプの時代

「北朝鮮が最も大きく、最も危険で、最も時間を割かざるを得ない問題になるだろう」。ウッドワードによると、2017年1月20日に第45代米大統領に就任したドナルド・トランプはオバマからこう引き継ぎを受けたという。トランプは異例のペースでミサイル発射を繰り返していた北朝鮮に対して政治、経済、軍事などあらゆる分野で「最大限の圧力」をかける戦略に出た。米朝対立は先鋭化し、軍事衝突に発展する可能性が取り沙汰された。日本政府や自衛隊幹部の証言、トランプ政権高官の回顧録などからは、17年の「第3次核危機」が一般に知られているよりもはるかに深刻な状況だったことがうかがえる。

トランプの大統領就任が3週間後に迫った1月1日、金正恩は「新年の辞」で前年を振り返り、2回の核実験や弾道ミサイル発射実験を通じて「東方の核強国、軍事強国」になったと主張、大陸間弾道ミサイル(ICBM)の発射実験準備が最終段階にあると言及した。トランプはツイッターで「北朝鮮が米国の一部に届く核兵器開発の最終段階にあると言った。そんなことは起きない」と即座に返した。金正恩とトランプによるチキンレースの幕開けだった。

「新たなアプローチ」追求を掲げるトランプ政権の国務長官に起用されたレックス・ティラーソンは3月に初来日し、岸田文雄外相との共同記者会見で、共和党政権を含め過去20年間の対北朝鮮政策は失敗だったと強調。経済制裁などによる圧力を強化しながら核放棄に向けた態度変化を待つオバマ政権の「戦略的忍耐」との決別を宣言した。次いで訪れたソウルでは「北朝鮮がわれわれに行動を迫るようなレベルまで（核）兵器計画による脅威を高めれば、軍事的な選択肢は排除しない」と明言した。しかし、トランプ政権であっても先制攻撃は日韓に対する報復攻撃のリスクを考えれば現実的な選択肢にはなり得ないとの見方が大勢だった。寧辺の核施設を空爆しても、寧辺以外に秘密の濃縮施設が存在するとみられ、核兵器がどこにあるかも不明だ。北朝鮮は弾道ミサイルを使うまでもなく非武装地帯（DMZ）沿いに配備する長射程の火砲でソウルに甚大な打撃を与えることができる。しかしトランプが北朝鮮のICBM開発阻止を明言した以上、米政府が強硬手段に傾く可能性は否定できない。関係国の間では徐々に緊張が高まり始めた。

2．エスカレーション

†日米会談狙い撃ち

北朝鮮の動きは速かった。２０１７年2月12日午前7時55分ごろ、北西部亀城（クソン）から弾道ミサイルが発射された。米フロリダ州パームビーチでトランプと安倍晋三による初の日米首脳会談後の夕食会が開かれている最中だった。ＳＬＢＭ「北極星」を地上発射型に転用した準中距離弾道ミサイル（ＭＲＢＭ）「北極星2」。固体燃料式のミサイルが日本全土を射程圏内に収めた。両首脳は急遽記者会見を開き、安倍は北朝鮮を非難。トランプは「米国は偉大な同盟国である日本を１００パーセント支持する」と強調した。

北朝鮮は前年10月にムスダンを2回発射、いずれも失敗に終わった後はミサイル発射を中断。関係国の間ではムスダン開発がうまく進んでいないことを安堵する雰囲気もあったが、北朝鮮は北極星転用で挽回を図った。中国外相の王毅（おうき）は3月8日の記者会見で、米朝を正面衝突寸前の列車に例え、「いますぐに赤信号をともし、双方にブレーキをかけるべきだ」と述べたが、北朝鮮のミサイル実験はさらにペースを上げた。5月には新型中距離弾道ミサイル「火星12」

を初めて発射。米独立記念日の7月4日には大陸間弾道ミサイル（ＩＣＢＭ）「火星14」をロフテッド軌道で日本海に発射した。約40分飛行、秋田県・男鹿半島から約３００キロの日本の排他的経済水域（ＥＥＺ）内に落下した。金正恩のＩＣＢＭ予告から約半年。国営メディアは「特別重大報道」で「核武力完成のための最終関門」を突破したと強調した。

米軍は直後に中距離弾道ミサイルだと発表したものの、その後、ティラーソンがＩＣＢＭと公式に認定した。トランプが「そんなことは起きない」と強調していただけに、防衛省内では米政府がＩＣＢＭとは認定しないのではないかとの観測もあったが、あっさりと北朝鮮の主張を追認した。北朝鮮の技術進展が自明となったことや国連安全保障理事会での制裁論議に向けた計算に加え、追加発射を抑止する政治的な狙いがあった可能性もある。ＩＣＢＭと認めなければ、北朝鮮が国際社会の認知を得ようとさらに発射し、開発が一層進む――との悪循環を回避する狙いだ。しかし、北朝鮮はお構いなしに発射実験を続けた。7月28日、北部慈江道舞坪里（ムピョンリ）付近から再び火星14を発射。飛行時間も高度も前回を上回り、北海道奥尻島沖に落下した。「憂慮する科学者同盟」のデーヴィッド・ライトは通常軌道での射程は１０４００キロと試算。さらに東方向に撃つ場合は地球の自転により射程はさらに伸びることを勘案すると、米西岸ロサンゼルスやシカゴが射程に入り、ボストンやニューヨークがぎりぎり。ワシントンがわずかに届かない。

初のＩＣＢＭ発射から1カ月足らず。異例の深夜発射だった。場所も米メディアが伝えていた亀城ではなく舞坪里だった。日本政府関係者によると、北朝鮮は朝鮮戦争休戦協定調印記念日の7月27日を前に同時多発的に複数の場所でミサイル発射の動きを見せた。米偵察衛星は雲間からのぞいた亀城の地上に金正恩の専用車両を識別。攪乱を狙った可能性がある。朝鮮中央通信は、発射に立ち会った金正恩が「どこからでもいつでもＩＣＢＭを奇襲発射できる能力を見せつけ、米本土全域が射程圏内にあることが明確に立証された」と述べたと報じた。日米首脳会談や米独立記念日に合わせた新型兵器の発射は、技術的な検証と同時に政治的効果を最大化しようとする北朝鮮の典型的なやり方だが、ＩＣＢＭ発射は北朝鮮の核問題が新たな局面に入ったことを意味した。

†原爆の響き

「米国をこれ以上威嚇しない方がいい。世界が見たこともない炎と怒りに見舞われることになる」。トランプは8月8日、訪問先の東部ニュージャージー州でテレビカメラを前に、手元の資料に目を落としながらこう語った。ツイッターの不規則な書き込みと違い、ホワイトハウス内部での議論を踏まえた表現だった可能性もあるが、ニューヨーク・タイムズ紙は米大統領としては「近現代ではほとんど例がない」と指摘。１９４５年に広島への原爆投下を発表したト

表3　2017年の米朝危機

2月12日	日米首脳会談（11日）に合わせて「北極星2」発射（日本海）
5月14日	IRBM「火星12」発射（日本海）
7月4日	米独立記念日に初のICBM「火星14」発射（日本海）
7月28日	ICBM「火星14」発射（日本海）
8月8日	トランプ「米国をこれ以上威嚇しない方がいい。世界が見たこともない炎と怒りに見舞われることになる」
8月9日	朝鮮人民軍戦略軍「「火星12」でグアム島周辺への包囲射撃を断行するための作戦を慎重に検討している」（声明日付は8日）
8月29日	IRBM「火星12」を太平洋に発射、日本上空通過。トランプ「すべての選択肢がテーブルの上にある」
9月3日	6回目の核実験（「ICBM搭載用の水爆」）
9月15日	IRBM「火星12」を太平洋に発射、日本上空通過
9月19日	トランプ「必要なら北朝鮮を完全破壊する」
9月21日	金正恩「史上最高の超強硬対応措置断行を慎重に考慮する」／李容浩「水爆実験を太平洋上で行うことではないか」
11月中旬	米空母3隻が日本海に展開
11月29日	ICBM「火星15」発射実験（日本海）、「国家核戦力完成」宣言

ルーマン大統領の言葉の響きにも通じると指摘した。

北朝鮮側は即座に応戦した。トランプの発言から数時間後の9日朝、朝鮮人民軍戦略軍は報道官声明を発表、「中長距離戦略弾道ミサイル「火星12」でグアム島周辺への包囲射撃を断行するための作戦を慎重に検討している」と表明した。過激な警告は北朝鮮の常だが、具体的な手段や標的を挙げて軍事計画を表明するのは異例だ。声明は米軍がグアムのアンダーセン空軍基地からB1戦略爆撃機を朝鮮半島周辺に度々展開させていることに「重大な事態だ」と強く反発した。北朝鮮は爆撃機が演習を装って近づき、実際に空爆を実行することを警戒してきた。米大統領の国家安全保障担当補佐官、ハーバート・マクマスターは8月13日、米ABCテレビに出演して「1週間前より戦争に近づいたとは思わないが、10年前よりは近づいている」と発言。「必要であれば軍事的な対応をとる用意はできている」と牽制した。

†オールオプション

8月29日早朝、北朝鮮は平壌近郊から「火星12」1発を発射した。ミサイルはグアムに向かわず北海道襟裳岬上空を通過して約2700キロ飛行、襟裳岬の東約1180キロの太平洋上に落下した。日本ではJアラートが鳴動した。北朝鮮のミサイルが日本上空を飛び越えたのは最初の1998年（テポドン1号）から数えて5回目だったが、2〜4回目は人工衛星打ち上げだとして発射予定期間や部品の落下海域などを事前通告していた。今回は事前通告なしの明らかな軍事挑発だった。

米国防長官ジェームズ・マティスはワシントンの米国務省近くの官舎から特別回線でミサイルの軌跡を見守った。当時の防衛省の発表によると、発射から太平洋上に落下するまで約14分。北方軍司令部はすぐに米本土への脅威ではないと判定したが、マティスはミサイルの軌跡が日本上空を通過するのをじっと見続けた。ミサイルの誤作動や計算違いでもあれば日本列島に落下し、国際的な危機に陥ることもあり得る。マティスはトランプから米国に向かう北朝鮮のミサイルの迎撃権限を委任されており、韓国や日本に着弾する恐れがあれば迎撃するよう指示を出していたという。北朝鮮としては攻撃とみなされかねない「グアム島周辺への包囲射撃」は避けたものの、「日本上空を直接飛び越えるのは明らかなエスカレーションであり、脅威の性質を変えるものだった」（ウッドワード）。トランプは発射を受けて短い声明を発表した。[85]

　世界は北朝鮮の最新のメッセージをはっきりと受け取った。この政権は近隣諸国、国連の全加盟国、そして国家間の振る舞いとして許容しうる最低限の基準さえ軽んじていることを示したのである。脅威を与え、不安定化させるような行動は、地域や世界中で北朝鮮の政権の孤立を深めるだけである。すべての選択肢がテーブルの上にある（All options are on the table）。

　トランプ政権が多用した最後の一文は、ほかでもない日本政府の働きかけがあった。２００3年3月13日、ジョージ・W・ブッシュ大統領が大量破壊兵器開発疑惑を理由にイラク侵攻に踏み切る直前に使った表現だ。日本政府はトランプ政権が２０１７年1月に発足後、北朝鮮政策の見直しに着手した早い段階から日本の考えをさまざまなルートでインプットしていた。米

表4　北朝鮮の核実験

	指導者	実施日時	地震規模	推定出力	北朝鮮の説明
1	金正日	2006年10月9日	M4.1	0.5-1kt	「地下核実験に成功」「100%われわれの知恵と技術により実施」（朝鮮中央通信社報道）
2		2009年5月25日	M4.52	2-3kt	「爆発力とコントロール技術において新たな高い段階で安全に実施」（朝鮮中央通信社報道）
3	金正恩	2013年2月12日	M4.9	6-7kt	「以前とは違って爆発力が大きく、かつ小型化、軽量化された原爆を使用」（朝鮮中央通信社報道）
4		2016年1月6日	M4.85	6-7kt	「初の水爆実験」「小型化した水爆の威力を科学的に解明」「責任ある核保有国として、敵対勢力が自主権を侵害しない限り先に核兵器を使うことはせず、いかなる場合も関連手段と技術を移転することはない」（政府声明）
5		2016年9月9日	M5.1	11-12kt	「戦略軍火星砲部隊が装備する戦略弾道ミサイルに装着できるよう標準化、規格化された核弾頭」「小型化、軽量化、多種化され、より打撃力の高い各種核弾頭を思い通りに生産できるようになった」（核兵器研究所声明）
6		2017年9月3日	M6.1	160kt	「ICBM用水爆」「核弾頭の威力を打撃対象と目的に合わせて任意に調整できる高い水準に到達」（核兵器研究所声明）

筆者作成。地震規模はCTBTO（包括的核実験禁止条約機構）、推定出力（TNT火薬換算）は防衛省資料に基づく。広島原爆（ウラン型）は16kt、長崎原爆（プルトニウム型）は21kt。

側との協議に参加していた関係者は「北朝鮮に厳しいメッセージを送るべきだと強調した。オバマ政権が言わなかったこと、やらなかったことを提案すればするする通った」と語る。北朝鮮は米国の軍事行動と政府当局者らの言い回しを徹底的に観察し、蓄積している。「すべての選択肢」への言及はサダム・フセインの運命を想起させる狙いが込められていた。

しかし、北朝鮮はわずか5日後の9月3日、6回目となる核実験を強行、「大陸間弾道ロケット装着用水素弾」、つまりＩＣＢＭ用の水爆実験に完全成功したと発表した。爆発規模はＴＮＴ換算で過去最大の１６０キロトンを記録、広島原爆の10倍の威力に当たり、実際に水爆とみられている。北朝鮮はこれに先立ち、7月に2回ＩＣＢＭ「火星14」を発射。ロフテッド軌道で日本海に落下したが、通常軌道で発射すれば射程は1万キロを超えると推定された。発射に立ち会った金正恩は「米本土全域がわれわれの射程圏内にあるということがはっきりと立証された」と述べていた。核実験当日の9月3日付労働新聞は金正恩が水爆を視察したことを報じた。写真では水爆と共に火星14の弾頭部分（ノーズコーン）も写っていた。ＩＣＢＭ発射と水爆実験をセットで行うことにより、北朝鮮としても「すべての選択肢」を備えつつあることを誇示したのだった。

†太平洋上で核実験

9月19日、ニューヨークでの国連総会一般討論演説でトランプの言葉による威嚇はさらにエスカレートした。金正恩をロケットマンと呼び、「必要なら北朝鮮を完全破壊する」と語った。演説を以下に抜粋する。[86]

北朝鮮の堕落した体制ほど他国と自国民の幸福を蔑ろにしているものはない。何百万人もの餓死者を出し、さらに無数の人々を監禁し、拷問し、殺し、抑圧している。罪のない米国人大学生を虐待して死なせ、国際空港で独裁者の兄（金正恩の異母兄、金正男（キムジョンナム））を神経剤で暗殺し、13歳のかわいらしい日本人の少女を浜辺から拉致し、北朝鮮のスパイの語学教師として奴隷にしたことも知っている。さらには核・ミサイル開発を無謀に追求し、全世界に脅威を与えている。この犯罪者集団が核兵器やミサイルで武装することは地球上のどの国の利益にもならない。米国はとても強く忍耐強いが、もし自国や同盟国を守る必要に迫られたら、北朝鮮を完全に破壊する以外に選択肢はなくなる。ロケットマンは自身と体制にとって自殺行為をしているのだ。米国は準備万端であり意思も能力もあるが、できればそうしたくはない。北朝鮮は非核化が唯一受け入れられる未来であることを悟るべきだ。金体制が敵対的行為をやめるまで孤立させるためすべての国が連携する時だ。

北朝鮮の「完全破壊」を警告すると議場はざわめき、北朝鮮の慈成男（チャソンナム）国連大使は演説中に席を立った。日本人拉致被害者にも言及、ここでも日本政府の働きかけが垣間見える。もちろん北朝鮮は黙っておらず、金正恩本人の声明（9月21日付）を発表した。

> 政権交代とか体制転覆といった脅しの範疇を超えて、一つの主権国家を完全壊滅させるという反人倫的な意志を国連の舞台で公言する米大統領の精神病的狂態は正常な人まで事理分別と冷静さをなくさせる。トランプは一国の武力を掌握する最高統帥権者として不適格であり、火遊びを好むごろつきでしかない。世界の面前で私と国家の存在そのものを否定して侮辱し、わが共和国を消し去るという歴代最も暴悪な宣戦布告をしてきた以上、われわれもそれに相応する史上最高の超強硬対応措置断行を慎重に考慮するであろう。私は朝鮮民主主義人民共和国を代表する人間としてわが国家と人民の尊厳、名誉、自身のすべてを懸けてわが共和国の絶滅を言い放った米国統帥権者の妄言に関する代価を必ず支払わせる。米国の老いぼれ狂人を必ず、必ずや火で制するであろう。

国連総会に出席中だった李容浩外相は記者団から「超強硬対応措置」の中身について問われ「水爆実験を太平洋上で行うことではないか」と発言。「国務委員長（金正恩）同志のおっしゃることなので、私には分からない」とも述べた。このニュースは世界を駆け巡った。7月から9月にかけて北朝鮮は2回のＩＣＢＭの発射実験（日本海）、「ＩＣＢＭ搭載用の水爆」実験を強行、核実験を挟んで2回にわたりＩＲＢＭを太平洋に発射していた。ＩＣＢＭを使って太平洋上で水爆実験を行うコンポーネントはそろっていた。

米国は１９５０年代、太平洋諸島で水爆実験を繰り返し、１９５４年3月のビキニ環礁での核実験により日本の第五福龍丸乗組員が放射性降下物の被害を受けた。これをきっかけに「死の灰」への国際的非難が高まり、大気圏内での核実験は宇宙空間、水中での核実験と共に１９６３年の「部分的核実験禁止条約（ＰＴＢＴ）」で禁止された。大気圏内核実験はＰＴＢＴに加入しなかった中国が１９８０年に内陸部、新疆ウイグル自治区のロプノールで行ったのが最後だ。北朝鮮は地下核実験も禁止する包括的核実験禁止条約（ＣＴＢＴ、未発効）はもちろんＰＴＢＴにも加盟していないが、大気圏内核実験で「死の灰」を降らせるような事態となれば国内的な非難はミサイル発射どころではすまない。現実的な選択肢とは考えられないが、北朝鮮はもう一つ布石を打っていた。高高度核実験の可能性だ。

「戦略的目的に従って高空で爆発させて広大な地域に超強力ＥＭＰ（電磁パルス）攻撃まで加

えることのできる多機能化された熱核弾頭だ」。9月3日の核実験に際して北朝鮮は、高高度での核爆発で生じるEMPで地上のインフラ機能をまひさせる攻撃シナリオに言及した（第4章で詳述）。この場合、地表への放射性降下物はなく、人体への直接の影響はないとされる。ただEMPにより経済、社会活動が生じればそれは「実験」ではすまされず、「グアム島への包囲射撃」同様、きわめてリスクは高い。しかしこうした言説と実際の行動を巧みに組み合わせ、威嚇効果の最大化を図るのは北朝鮮の得意とするところだ。周到な計算はトランプの即興的な言動とは対照的に写る。

3. 作戦計画

†鼻血作戦

核戦略に詳しい米ピュリッツァー賞ジャーナリスト、フレッド・カプランの著書『The Bomb』（2021年）によると、トランプの国連演説のころには米軍の統合参謀本部と太平洋軍司令部はトランプの指示により北朝鮮に対する先制攻撃計画を立案していた。計画によると、北朝鮮がミサイル発射の兆候を見せれば、第1段階の対処として在韓米陸軍の地対地戦術ミサイル「ATACMS」で発射台を破壊する。すでに発射された後でも同様に発射台を破壊する。仮に北朝鮮指導部がそこにいて巻き込まれようとかまわない。限定的な攻撃により北朝鮮を抑え込むことを狙う計画で、米メディアでは「ブラッディ・ノーズ（鼻血）作戦」とも呼ばれた。しかし立案した軍当局者らを含めて、金正恩が警告の前におとなしく引き下がるかどうかは確信が持てなかった。むしろ北朝鮮が韓国や日本を標的に報復、米国は反撃を迫られ、衝突は制御不能に陥り全面戦争に発展する可能性の方が大きいとみていた。このため軍高官らはトランプに対し「水爆使用を含め最後まで戦い抜く用意がなければ、なんの行動もとるべきでない」と諭したという。

2017年3月以降、ATACMSは即時発射可能な態勢に置かれていた。在韓米軍は6月から8月初めにかけて2度にわたり、北朝鮮のミサイル発射直後に日本海に向けてATACMSを発射して北朝鮮を牽制。韓国軍も同時に短距離弾道ミサイル「玄武2」を発射したほか、韓国軍単独でこのほか3回、北朝鮮のミサイル発射に対抗してミサイルを発射した。8月8日のトランプの「炎と怒り」の威嚇は言葉だけではなく、こうした軍事的な行動の上に発せられていたことになる。

†80個の核兵器

朝鮮戦争で米軍は国連軍として介入。米韓は朝鮮戦争休戦協定調印（1953年7月）の直後の同年10月、米韓相互防衛条約を締結し、現在も陸軍を中心とした米軍部隊約3万人が駐留している。在韓国連軍、米韓連合軍の司令官は在韓米軍司令官が兼任し、現在も有事の作戦統制権は在韓米軍司令官が有している。

２０１７年当時、米戦略軍司令部（ネブラスカ州オマハ）も米韓両軍の作戦計画（ＯＰＬＡＮ）５０１５や作戦計画５０２７に基づき考えられる対応について検討した。ウッドワードは作戦計画５０１５について指導部に対する攻撃プラン、５０２７については北朝鮮の体制転換を目指すものだとして、反撃オプションには最大80個の核兵器使用も含まれると書いている。[87]しかし、韓国軍関係者は米韓の作戦計画には核兵器使用については規定していないと指摘する。

作戦計画は極めて機密性が高く、事実関係を正確に確認するのは難しいが、関係者の話を総合すると、現在、米韓両軍の有事対応を総合的にまとめた作戦計画は５０１５だ。北朝鮮による南侵に対し、米韓が反撃、北朝鮮を占領する全面戦争のシナリオ、つまり朝鮮戦争再開を想定した作戦計画５０２７と、北朝鮮の体制崩壊などによる急変事態を想定した作戦計画５０２９を統合したもので、北朝鮮による局地的な軍事挑発やＷＭＤ攻撃、サイバー攻撃への対応も盛り込まれているとされる。５０１５は２０１０年の米韓安保協議会（ＳＣＭ）で提案された戦略計画指針（ＳＰＧ）に基づいており、現在更新作業が進められている。

ウッドワードが言及した北朝鮮への80個の核兵器による反撃プランは戦略軍司令部の作戦計画8010―12に含まれているとみられる。米空軍で大陸間弾道ミサイル（ICBM）「ミニットマン」発射管制官を務め、核廃絶運動に転じた核問題専門家ブルース・ブレア（故人）が推計した数字と一致することから、これが出典なのかも知れない。ブレアの推計では北朝鮮に対する核攻撃で想定されている標的は核など大量破壊兵器（WMD）関連50カ所、指導部関連10カ所、軍需関連施設20カ所。時間的に間に合うならグアムに重戦略爆撃機が展開し、B61重力爆弾と、空中発射型巡航ミサイル（ALCM）に搭載されたW80核弾頭を搭載、それぞれ最低出力の0・3キロトンと5キロトンに調整されるとみられる。[88] マティスはウッドワードに対し、北朝鮮への核攻撃の決断を迫られる最悪の事態も覚悟していたと語っている。

ニューヨーク・タイムズのマイケル・シュミットも著書で、トランプが、ジョン・ケリー大統領首席補佐官らとの議論で、北朝鮮に対する核使用の可能性をぞんざいに語り、「責任は誰かに押し付ければよい」と言い放っていたと明らかにした。[89] 先制攻撃によって戦争に踏み切る可能性も口にした。ケリーはトランプにそんな胆力はないと見ていたが、北朝鮮の行動でバカにされたと感じれば、体面を保つため核攻撃など極端な対応を命じかねないと懸念。戦争になれば甚大な犠牲者が出るといさめた。

†ノー・ミリタリーオプション

米国は過去にも北朝鮮の核・ミサイル開発阻止のための限定攻撃を検討した。1994年の核危機の際、クリントン政権のウィリアム・J・ペリー国防長官は寧辺の核施設へのミサイル攻撃を本格検討したが、韓国の金泳三大統領が強く反対し、断念。米朝枠組み合意による寧辺の黒鉛減速炉凍結で緊張は収束した。ペリーはブッシュ（子）政権だった2006年には、北朝鮮の長距離弾道ミサイル「テポドン2号」発射を前にワシントン・ポストに寄稿し、米本土を狙うICBM開発を許すべきでないとして、ミサイルそのものと発射台を破壊すべきだと訴えた。攻撃は米単独の軍事行動であることを示すことで韓国を巻き込まないために、潜水艦搭載の巡航ミサイルを使うべきだとも提言した。しかし北朝鮮に対する軍事オプションが浮上するたびに最大の障害として立ちはだかるのは韓国の首都ソウルの立地そのものだ。

北朝鮮は約110万人の陸上戦力を有し、その約3分の2を韓国との非武装地帯（DMZ）付近の前線地帯に展開、多連装ロケットシステム（MLRS）など長射程の火砲をDMZ沿いに大量に配備している。ソウルは軍事境界線からわずか約50キロ。人口の約半数に当たる約2500万人が首都圏に暮らす。韓国防衛にとって最大の弱点だ。

オバマ政権で国家安全保障担当大統領補佐官を務めたスーザン・ライスは2017年8月、

ニューヨーク・タイムズへの寄稿で、「予防戦争」は数十万人の犠牲者を出すとした上で、差し迫った脅威がない段階で北朝鮮に先制攻撃を仕掛けるのは暴挙だと指摘。「われわれは北朝鮮の核兵器（保有）を我慢することができる。冷戦時代、数千発のソ連の核兵器の脅威に耐え抜いた歴史がそれを証明している」と語った。

トランプの大統領補佐官マクマスターは「北朝鮮のような体制に対して古典的な抑止論が通じるだろうか」と反論したが、北朝鮮の核保有の現実を正面から受け止めるべきだとの議論は超党派への広がりを見せていた。保守系ウォールストリート・ジャーナルは7月、ブッシュ、オバマ両政権で国防長官を務めたロバート・ゲーツの提案を紹介した。北朝鮮に対する軍事攻撃も北朝鮮による核放棄も現実的な選択肢にはなり得ないとして、①北朝鮮は核・ミサイル戦力を凍結、国際社会と中国の厳格な査察を受け入れる、②米国は体制転換を図らないことを約束して平和協定を締結、在韓米軍の態勢を見直す、③中国に北朝鮮を説得させる――との内容だ。[90] ゲーツの対案が現実的かどうかはさておき、主戦論への反対は政権中枢でも公然化した。「軍事的な解決策などない。忘れろ」。トランプを大統領選勝利に導き、海外での軍事介入反対の急先鋒だった首席戦略官兼上級顧問スティーブ・バノンも8月15日、米左派系雑誌アメリカン・プロスペクトのインタビューで「最初の30分間のうちに通常兵器でソウルの1000万人を死なせずに済む方法」を見つけない限り軍事オプションはないと断言、「お手上げだ」と語った。[91] バノンは3日後に解任されたが、その指摘は事の本質を突いている。長射程砲を一気に無力化するには「核でも使わなければ無理だ」（自衛隊関係者）。ロシアのプーチン大統領も9月、「北朝鮮は核を持っているし、長射程火砲も持っている。長射程火砲はどんな兵器でも防ぎようがないし、場所を特定するのも困難だ。軍事的なヒステリーは良い結果を生まないし、多くの犠牲者を出す世界的な破滅につながりうる」と述べ、軍事オプションは現実的に不可能だとの認識を示した。

4. 国家核戦力の完成

†ノース・ドックを見よ

日本政府もトランプがどのような対応に出るのか読み切れず、内外で情報収集に奔走していた。「ノース・ドックに補給艦は来ていない。いまある弾薬だけで奇襲攻撃を行っても主要な核・ミサイル施設は破壊できても、反撃を完全に封じることはできない。B2も第一撃の後、グアムに戻れば往復6時間かかる。一気呵成にやるためには兵站を日本で整えないと難しい。反撃を封じる手だてなしに攻撃すれば、同盟国を犠牲に自国のためだけに動いたとなる」。緊張が高まっていた9月、自衛隊幹部は北朝鮮に対する米軍の攻撃が差し迫っているとは考えられない根拠としてこう語った。

ノース・ドックとは横浜にある米陸軍、海軍が利用する埠頭だ。ここから相模総合補給廠（神奈川県）や横田飛行場（東京都）の兵站拠点に物資が運ばれる。万が一、米軍が限定的な攻撃を想定していても、敵は中東のイスラム武装勢力のようなテロ組織ではなく、世界有数の軍事国家である。全面的な戦争にエスカレートしないという保証はなく、米軍はどんな展開にも対応できる態勢を整えた上で動くはずだというのが幹部の見立てだった。

†斬首作戦

しかし、自衛隊制服組トップの統合幕僚長として米軍高官らと接触を重ねた河野克俊（かわのかつとし）は「肌感覚として米軍の攻撃はあり得ると考えていた」と振り返る。河野は具体的な作戦内容は聞かされていなかったと断った上で「米国が本当に動くのなら標的は中枢だ」と指摘。前出の幹部とは意見を異にし、「斬首作戦」には現実味があったと語る。戦線を広げないために電撃的攻撃で中枢をたたくのが最近の米国流というわけだ。

韓国軍合同参謀本部にいた関係者は当時、軍が金正恩の動向を24時間体制で追跡していたと証言する。「若いから体力がある。いつ寝ているのかというぐらいにあちこち動き回っていた」。

特別列車や車両、専用機の動きを追跡していたとみられる。事実ならいつでも金正恩個人の暗殺が可能であるかのように聞こえるが、北朝鮮側もさまざまな攪乱工作を施しているはずで、動静情報の確度は分からない。

米国は暗殺を禁じている。1981年にレーガン大統領が署名した大統領令12333は「米政府に雇用された者や米政府の代理として活動している者は暗殺を行ったり暗殺を企んだりしてはならない」[92]と定めている。しかし直近の歴代政権は、「暗殺」とは不法な殺人であり、自衛のための軍事作戦としての「ターゲティッド・キリング（標的殺害）」は合法的と主張、テロ組織の指導者らを殺害してきた。

例えばオバマ政権では米海軍特殊部隊SEALS（シールズ）が2011年5月、パキスタンで国際テロ組織アルカイダの最高指導者ウサマ・ビンラディンの隠れ家を急襲し殺害。バイデン政権下では2022年7月31日にはアフガニスタンの首都カブールで隠れ家のバルコニーにいたアルカイダの後継指導者アイマン・ザワヒリに対し、CIA（中央情報局）の無人機がヘルファイア空対地ミサイル2発を発射、殺害した。ザワヒリはイスラム主義組織タリバン暫定政権がかくまっていたとされる。アルカイダの流れをくみ、シリアとイラクで広大な地域を一時支配した過激派組織「イスラム国」（IS）もトランプ政権による2019年10月の米軍作戦とバイデン政権による2022年2月の米軍の作戦で最高指導者を二代続けて除去された。

†日本海に空母3隻

トランプが2017年11月、大統領就任後初めて日本を訪れた際、同行した米政府高官は東京のホテルニューオータニで記者団にこう語った。「北朝鮮が核兵器を持とうとするのは単に朝鮮半島の現状維持が目的ではなく、現状の根本的な変更だ。彼らの第一の目標は南北統一であり、核兵器はその計画の一環だ」。この高官は国家安全保障会議（NSC）アジア上級部長のマット・ポッティンジャー大統領副補佐官だったとみられる。ダン・コーツ国家情報長官も5月、北朝鮮の核保有の目的について安全保障上の抑止力、国際的な地位に加え、「強制外交」を挙げていた。ポッティンジャーが、北朝鮮が核を使ってでも武力統一を狙っているとみていたのかどうかは不明だが、核開発は自衛目的だとする北朝鮮の主張を退けた。

日本海では11月11〜14日、原子力空母「ロナルド・レーガン」「セオドア・ルーズベルト」「ニミッツ」が集結、合同演習を実施した。戦闘攻撃機などの艦載機は計200機前後。空母3隻の西太平洋での演習は2007年にグアム島沖で実施して以来、実に10年ぶりだった。トランプのアジア歴訪に合わせた北朝鮮の挑発行動を何が何でも抑え込もうとしたのだ。米軍は前月にはレーガンと共に巡航ミサイル原子力潜水艦（SSGN）「ミシガン」を朝鮮半島周辺に展開させた。トマホーク巡航ミサイル154発を搭載するほか、特殊部隊運搬機能を持つ。[93]

釜山港で海上に姿を現した際、関係者の目を引き付けたのは船体の上に取り付けられた2つの円筒だった。米海軍特殊部隊SEALS（シールズ）を移送する小型潜水艇を収容しているとみられた。[94] ミシガンは4月にも釜山に寄港しており、韓国メディアは韓国軍との斬首作戦訓練のためシールズが乗り込んでいると報じていた。SSGNはオハイオ級戦略原潜を改装した世界最大級の原潜で4隻しかなく、通常はどこにいるのか明かされない。2011年に地中海からトマホーク多数を発射してリビア攻撃の先陣を切ったのは別のSSGN「フロリダ」だったし、同じ年、ビンラディンを殺害したのはシールズだった。北朝鮮はこうした米軍の動きをつぶさに追って研究している。ミシガンの寄港は北朝鮮に対する強烈な警告のメッセージだった。

日本はトランプ政権の「最大限の圧力」路線に全面的支持を表明していたものの、「武力行使を排除しない姿勢で圧力をかけてほしいが、戦争まではやってほしくない」（当時の国家安全保障局当局者）のが本音だった。外務省は米軍が先制攻撃することはないとみていたが、日本の領海や米艦船の近くにミサイルが落下、これに米軍が反撃するというシナリオは現実味を帯びていた。北朝鮮が多用するロフテッド軌道は角度のわずかな違いで落下地点に大きな違いが出る。北朝鮮が弾道ミサイルを発射するたびに米軍首脳がリアルタイムで状況を監視し、迎撃などの軍事対応に備えていたのは先にみたとおりである。

†火星15発射

空母3隻による威嚇効果があったのかどうかは今も議論が分かれるところである。約2週間後の11月29日未明、北朝鮮は新型ＩＣＢＭ「火星15」をロフテッド軌道で日本海に発射。金正恩は「ついに国家核武力完成の歴史的大業、ミサイル強国の偉業が実現した」と宣言した。4000メートルを超える高度に達し、53分飛行。ロケットの姿勢制御や米全土に到達し得るエンジンのパワーを見せつけたとは言え、通常軌道とはまったく異なる条件下での発射だ。ミサイル開発で最も技術的難易度が高いとされる弾頭の再突入技術は確立できていないとみられていただけに、「完成」宣言はいかにも唐突だった。長年の北朝鮮ウォッチャーの中には対話転換への布石と鋭く見抜いた者もいた。

トランプ政権は圧力を緩めず、年が明けると限定攻撃のオプションをちらつかせ始めた。北朝鮮が核・ミサイル実験や挑発行動を行った場合、関連施設などを標的に限定的な攻撃を加えることでこれ以上の開発を思いとどまらせる「ブラッディ・ノーズ（鼻血）作戦」だ。しかし金正恩が限定攻撃に対抗して日韓などへの限定攻撃を行った場合、報復の連鎖につながる可能性があるほか、北朝鮮が限定攻撃を全面侵攻の始まりと捉えて反撃して全面戦争につながる恐れがある。オバマ政権で国防長官を務めたチャック・ヘーゲルは米軍事専門サイト「ディフェンス・ニュース」のインタビューに対し、限定攻撃に対して北朝鮮が反撃しないと考えるのは「ギャンブルだ」と指摘。「戦争となれば、韓国で数百万人が死亡し、数万人の米国人も命を落とす。日本も大惨事を免れないだろう」と語った。[95] ブッシュ政権で朝鮮半島政策を担当した保守派論客ヴィクター・チャもワシントン・ポスト紙への寄稿で韓国に住む米国人数十万人を危険にさらすものだとして反対を表明した。日本政府関係者は「ブラッディ・ノーズに正面から反対することはしなかったが、その後のことは考えているのか、と詰めた。エスカレーションを招かない方法があるのか、と。米側は日本の意向をくみ取ってくれたはずだ」と明かす。

金正恩はのちにトランプとの首脳会談で「完全に（戦争の）準備ができていた」と語った。ポンペオ国務長官も米中央情報局（CIA）長官として初めて金正恩に会った際、同様のことを言われており、ポンペオは側近に「本当のことか、はったりなのか、分からなかった」と漏らした。ただ、北朝鮮がICBM開発を急いだのは米国に対する抑止力を獲得して米国の攻撃を阻むのが最大の目的であり、米国に自ら戦争を仕掛ける動機は見当たらないし、合理性も勝算もない。はたして、「国家核武力の完成」を宣言した金正恩は対話姿勢に転換、緊張緩和を図る。

第３章

金正恩の誤算
——往復書簡を読み解く

共同声明に署名し両国の国旗の前に立つ、北朝鮮の金正恩朝鮮労働党委員長とトランプ米大統領（肩書は当時、ロイター＝共同、2018年6月12日）

1. 対話転換

†白頭の血統

「米国は決して私やわが国家を相手に戦争を仕掛けることはできない。米本土全域がわれわれの核打撃の射程圏内にあり、核のボタンが私の事務室の机の上に常に置かれていること、これは決して脅しではなく現実だということをはっきり理解すべきだ」

2018年1月1日の「新年の辞」で、金正恩はのっけから米国に対する威嚇を繰り広げた。ICBM発射実験と水爆実験を断行し、「世界が公認する戦略国家」になったと主張。核弾頭と弾道ミサイルを大量生産し実戦配備に拍車をかけると表明した。一方で、新年は北朝鮮が建国70年を迎え、韓国では平昌(ピョンチャン)冬季五輪が開かれる南北双方にとって意義深い年だと述べ、「凍結状態にある北南関係を改善し、今年を民族史に特記すべき年として輝かせるべきだ」と強調。翌月に迫った平昌五輪に代表団を派遣する用意があるとし、南北対話を呼びかけたのだ。

韓国では前年3月、保守の朴槿恵(パククネ)大統領が親友の国政介入事件により罷免され、5月の大統領選で革新系の文在寅政権が誕生していた。文在寅はトランプが「炎と怒り」などの激しい表現で北朝鮮への威嚇を強めた際も「朝鮮半島での軍事行動を決定できるのは韓国だけであり、誰も韓国の同意なく軍事行動を決定することはできない」と言い切り[96]、何があっても米国の軍事行動を阻止する姿勢を隠さなかった。水面下の接触もあったとみられるが、北朝鮮は文政権が無条件で対話打診に乗ることを確信していたに違いない。実際、韓国大統領府は即座に歓迎コメントを発表し、翌2日には板門店（パンムンジョム）での南北会談を提案。いつものような駆け引きもなく北朝鮮は9日に開かれた閣僚級会談の冒頭で五輪参加を表明した。

金正恩は五輪開会式に対外的な国家元首の役割を果たしていた金永南（キムヨンナム）最高人民会議常任委員長に加え、実妹の金与正（キムヨジョン）を派遣した。「白頭（ペクトゥ）の血統」と呼ばれる金日成の直系親族が韓国の地を踏むのは初めてだった。韓国メディアは金与正の一挙一動を追った。金与正は唯一、金正恩に直言できる存在だとされ、金正日も生前、その政治的資質を高く評価していたと言われる。金与正の肩書は「党第一副部長」だったが、もとより体制内での存在感は党の序列や肩書とは関係なく別格だ。在日本朝鮮人総連合会（朝鮮総連）関係者は「白頭の血統は国民に浸透しているし、異議を唱えるような抵抗勢力もいない」と語る。金与正は兄の特使として文在寅と会談。対話への劇的な転換を演出した。

表5　金正恩の首脳外交

2018年		
2月9～11日	韓国	平昌五輪開会式に合わせて金与正を韓国派遣
3月25～28日	中国	初外遊で訪中。26日、北京で習近平国家主席と初会談
4月27日	韓国	板門店で文在寅大統領と初会談
5月7～8日	中国	大連訪問、習近平と2回目会談
5月26日	韓国	板門店で文在寅と2回目会談
6月12日	米国	シンガポールでトランプ大統領と史上初の米朝首脳会談
6月19～20日	中国	北京で習近平と3回目会談
9月18～20日	韓国	平壌で文在寅と3回目会談
2019年		
1月7～10日	中国	訪中し、北京で8～9日、習近平と4回目会談
2月27～28日	米国	ベトナム・ハノイでトランプと2回目会談
4月25日	ロシア	ロシア極東ウラジオストクでプーチン大統領と初会談
6月20～21日	中国	習近平が訪朝、平壌で5回目会談
6月30日	米国	板門店でトランプと3回目会談

†張成沢処刑と中国詣で

金与正の韓国派遣で南北首脳会談への道筋をつけた金正恩が次に出た行動は中国との関係修復だった。

中国では2013年3月、第12期全国人民代表会議（全人代＝国会）第1回会議で習近平が国家主席に就き、党、国家、軍の三権を掌握した。金正恩が正式に三権のトップに就任して約1年後に中国でも新体制がスタートしたわけだが、すぐに中朝関係を凍り付かせる事件が起きた。13年末の張成沢(チャンソンテク)元国防副委員長処刑だ。張成沢は金正日の妹、金慶喜(キムギョンヒ)の夫で金正恩の叔父に当たる。金正日から後見役を託されたと目され、中国とのパイプ役としても権勢を振るった。訪中した張成沢を中国側が赤じゅうたんを敷いて国家元首並みに厚遇したのは有名な話だ。金正恩は張成沢につながる人脈を言葉通り根絶やしにした。海外駐在者も例外ではなく、その子女まで白昼、学校から連れ去られた。粛清を逃れるため中国からそのまま韓国に亡命した人物は多い。

習近平は14年、中国の国家主席として初めて北朝鮮より先に韓国を公式訪問した。李正浩によると金正恩は激怒し、会議で習近平をののしり、中国との関係を見直し、ロシアや東南アジア諸国との貿易を増やすよう指示したという。北朝鮮は中国との国境に近い北東部豊渓里（プンゲリ）で核実験を繰り返し、業を煮やした中国は17年、国連安全保障理事会決議による北朝鮮制裁の大幅強化に同意した。これほどまで関係が悪化していたにもかかわらず、金正恩は初外遊として18年3月25〜28日に、専用列車で中国を訪問、北京で習近平と初めて会談した。その後も金正恩は何度も中国に足を運んだ。対米交渉に臨むための足場固めとはいえ、内心穏やかでなかったはずだ。この豹変ぶりは金正恩のプラグマティズムを示している。

†ラブレター

金正恩は一方で、米国との接触にも取り掛かっていた。手元に金正恩とトランプが交わした親書27通の文面がある。もともとはウッドワードが入手したもので、その著書でも抜粋で紹介されている。一部はトランプがツイッターで自ら公開していたものもある。トランプへの賞賛をちりばめた親書は「ラブレター」とも揶揄されたが、金正恩の交渉術や要求を示す第一級の資料だ。その後、研究者らの手によって全文が明らかにされており、本書でも必要に応じて紹介する。

27通のうち日付が最も古いのは18年4月1日。米中央情報局（CIA）長官だったマイク・ポンペオがトランプの命を受けて極秘訪朝し、金正恩と会談した直後だ。金正恩は「誰も成し遂げたことがなく、世界が予想もしないこと」を達成するために協力する用意があると記し、首脳会談について前のめりそのものである。

ポンペオの回顧録によると、ポンペオは訪朝時、トランプは大量破壊兵器能力の除去と南北の平和樹立が達成されれば経済封鎖を解いて日韓から「莫大な投資」を引き出す考えだと説明した。金正恩は軍事偏重を見直し、経済発展と国民の福祉に重点を移すと強調。核兵器は大きな経済的負担であり、国際社会での孤立の原因になっているとし、核兵器の完全廃棄や核・ミサイル開発凍結の意思を語り、トランプとの会談にも同意した。

回顧録には興味深いやり取りがある。中国共産党が金正恩の望みとして在韓米軍撤退を強く主張しているとポンペオが水を向けると、金正恩は机をたたいて笑いながら「中国人はうそつきだ」と応じた。中国から自分を守るために在韓米軍が必要だとし、米軍が撤収すれば中国は朝鮮半島をチベットや新疆ウイグル両自治区のように扱おうとするだろうとも語った。金正恩は訪中から戻ったばかりのタイミングだ。金正日も2000年の初の南北首脳会談で金大中に対し朝鮮半島の平和を維持するには米軍が必要だと語ったことがある。父親譲りの金正恩の発言は、米国を直接交渉に誘い込む手管と片付けるべきではないだろう。日本を含め周辺列強がせめぎ合う地政学的立地にあって育んだ歴史的洞察、中国不信、韓国軍への重石——。配合の割合は不明だが、こうしたさまざまな思惑を読み取ることが可能だ。

†中国機でシンガポール入り

金正恩は3月末から約2カ月の短期間で習近平、文在寅と交互に2回ずつ会談した上で、米朝首脳会談直前の5月末になってようやく米側との実務協議に応じた。米代表として急遽駆り出されたのはソン・キム駐フィリピン大使だった。ブッシュ（子）政権以来、長く対北朝鮮交渉に携わったベテラン外交官だ。オバマ前政権で北朝鮮担当特別代表に起用された当時、米朝交渉再開に意欲を抱き、訪朝を模索したこともあった。しかし北朝鮮の態度転換を待つ「戦略的忍耐」に徹するホワイトハウスが認めなかった。駐フィリピン大使としてワシントンを離れた後に期せずして訪れた再登板だったが、外交筋によると、ソン・キム自身は首脳会談の展望に悲観的だったという。北朝鮮側代表を務めた崔善姫（チェソンヒ）外務次官も1990年代から米朝交渉に携わってきた米国通。2人は板門店に続き、シンガポールで議題や成果文書の内容を調整した(ソン・キムはバイデン政権でも北朝鮮担当特別代表に任命され、駐インドネシア大使と二足の草鞋を履かされることになった。一方の崔善姫は2022年、外相に昇格した)。

会談ありきの泥縄式の実務交渉が続くさなか、金正恩はトランプとの会談を2日後に控えた6月10日、シンガポール入りした。同日、平壌からは輸送機、中国機、金正恩の専用機の3機が時間差で出発。金正恩を乗せてチャンギ国際空港に着陸したのは中国政府高官も使う中国国際航空のボーイング747だった。金正恩の専用機は旧ソ連製イリューシン62で老朽化が指摘されていた。長距離外遊で安全を重視したとみられるが、中国には信頼の情を証明し、米国には中国がバックについていることを誇示するものだった。習近平に会った直後、ポンペオに「中国人はうそつきだ」と語ってみせ、いざトランプとの会談には中国機で赴く。アクロバティックだが、したたかな外交である。

†SF映画

「われわれには足かせとなる過去があり、誤った偏見と慣行が時にわれわれの目と耳をふさいでいたが、すべてを克服してここまで来た。世界の多くの人々はこれをSF映画や空想だと思うだろう」

2018年6月12日、シンガポール南部のリゾート地セントーサ島。五つ星のカペラホテルで行われた史上初の米朝首脳会談の冒頭、金正恩が語った。全世界に生中継され、トランプと金正恩が握手すると米CNNテレビは「歴史がつくられた」と伝えた。

米政府は経済・軍事両面での「最大限の圧力」が金正恩を追い詰め、交渉のテーブルに引きずり出したと自負する。多少タイミングを早めたかもしれないが、金正恩はいずれ核保有国として対等の立場で米国との直談判に臨む戦略を描いていたとみるべきだろう。立て続けのICBM発射実験はそのためのラストスパートだった。北朝鮮からすれば核とICBMという「宝剣」を手にしたからこそ米国が対話に応じたということになる。

米朝首脳はシンガポール共同声明で、①新たな米朝関係を確立、②朝鮮半島において持続的で安定した平和体制を築くため共に努力、③2018年4月27日の「板門店宣言」を再確認し、北朝鮮は朝鮮半島における完全非核化に向けて努力、④朝鮮戦争の米国人捕虜や行方不明兵士の遺骨の収集を約束（身元特定済みの遺骨の即時返還も含む）――の4項目をうたった。米朝の長年の緊張状態や敵対関係を克服し、新たな未来を切り開く上で会談が「大きな意義を持つ画期的な出来事」だったと強調。合意履行のためポンペオ米国務長官と北朝鮮の担当高官が主導して、できるだけ早い日程でさらなる交渉を行うとした。

とても簡潔な内容だ。「詳細を詰める時間がなかった」（トランプ）ため、非核化の具体的な手順は盛り込まれなかった。北朝鮮の最高指導者が国際社会に向けて非核化を約束した意味は大きい、と評価する声もあることはある。しかし金正恩が約束したのは「北朝鮮の核放棄」ではなく、「朝鮮半島の非核化」である。これが意味するところは次の節で詳しくみることにしたい。

一方、金正恩が得たものは大きかった。当時、大統領補佐官だったジョン・ボルトンの回顧録によると、金正恩は会談で北朝鮮にも強硬派がいると「告白」し、米韓合同軍事演習の規模を縮小するか廃止するよう強く求めた。合同軍事演習の期間中、北朝鮮は緊張を強いられる。侵略戦争演習だと非難する北朝鮮の主張がまったくの疑心暗鬼とも言えないことは、ロシアによるウクライナ侵攻が示している。ロシアは2022年2月24日のウクライナへの侵攻開始に先立ち、同盟国ベラルーシとの軍事演習を名目に部隊をウクライナとの前線地帯に配置した。米国は侵攻準備だとして機密情報も公開する異例の措置を取ったが、ロシアは演習だと言い張った末、ウクライナに攻め込んだ。演習を口実に兵員を動員するのは古今東西、例は尽きない。

シンガポール共同声明には盛り込まれなかったものの、トランプは会談の場で側近に相談することなく、米朝対話が続いている限り大規模な米韓演習を中断すると約束した。金正恩はトランプに「次の措置は国連制裁（解除）か」と尋ね、直談判に手応えを感じている様子だった。

2. 米朝交渉決裂

†スパイマスター

「歴史的会談」の後、米朝交渉は予想どおり膠着した。北朝鮮は自国が会談に先立ち核実験やICBM発射実験中止などの重大措置を取ったのに米側は制裁解除に応じずにいると非難し、実務協議入りを避け続けた。金正恩は7月30日付の親書でトランプを「パワフルで卓越した政治家」と持ち上げる一方、期待していた朝鮮戦争の終戦宣言がなされずにいると不満を表明し、直接会談を促した。その後も再会談を誘い続け、9月6日付親書では、国務長官に転じていたポンペオではトランプを十分に代弁できると考えられないとし「卓越した政治センスをお持ちの閣下と直接会う方が建設的だ」と主張。核兵器研究所や衛星発射場の全面的シャットダウンや核物質製造施設の不可逆的閉鎖の用意があるとした上で、段階的、同時並行の原則で米側も具体的な行動で応じるべきだと迫った。

9月18〜20日に訪朝した文在寅は戻ったソウルで記者会見を開き、金正恩が米側の「相応の措置」を条件に寧辺の核施設の永久廃棄の用意があると約束したと南北会談の成果を誇った。

しかし米国との直接交渉の道が開けた北朝鮮にとって韓国は用済みだった。金正恩は翌21日付のトランプへの親書でこうつづった。「朝鮮半島の非核化問題は文在寅大統領とではなく閣下と直接議論したい。文大統領がわれわれの問題に示している過剰な関心は不必要だ」。12月25日付親書では「世界中が見守る美しく神聖な場所で閣下の手を固く握った歴史的な瞬間が今も忘れられない」。翌年1月1日の新年の辞では前年と打って変わって「いつでも会う準備ができている。国際社会が歓迎する結果をつくるため努力する」と畳み掛けた。

1月17日、筆者は北京発ワシントン行きのユナイテッド808便に乗り込んだ。金英哲(キムヨンチョル)朝鮮労働党副委員長が会談調整のため同便で訪米するとの事前情報があった。軍出身で米韓への工作活動を仕掛けてきた情報機関を束ねる「偵察総局」の初代トップ。金正恩の権力継承過程の中で起きた2010年の韓国海軍哨戒艦沈没事件や韓国の延坪島(ヨンピョンド)砲撃を主導したとみられているタカ派だ。北朝鮮の「スパイマスター」が米国の航空会社を利用するのか半信半疑だったが、搭乗時刻ぎりぎり、大勢の部下を引き連れて現れた。韓国統一省によると、トランプと同じ1946年生まれの70代だが、年齢を感じさせない。金英哲の座席は通路を挟んだ左後方だった。搭乗後すぐに出された機内食を食べると、ワイシャツにネクタイ姿のままヘッドホンを付けて目を閉じた。未明に起きて、厚い資料をめくり始めた。二度、声を掛けたが、金英哲は無言のまま名刺を受け取っただけだった。

金英哲は1月18日、ホワイトハウスでトランプと会談した。約1時間半に及んだ会談は首脳再会談の時期と場所のやりとりに終始した。金英哲に持たせた親書で金正恩は、「第2回首脳会談を成功裏に開催するため自分の権限でできることはすべてやっている」と強調したものの、非核化措置の具体的な言及はなかった。実務協議を避けてトップ会談で譲歩を引き出そうとする狙いは明らかだったが、トランプはその場で2月下旬の再会談を決めた。2018年3月、直前に訪朝した韓国政府高官から史上初の米朝首脳会談を持ちかけられ、その場で決断したのと同様だった。

再会談はベトナムの首都ハノイで開かれることになり、北朝鮮は実務交渉の担当として、金英哲に同行していた金革哲(キムヒョクチョル)を指名した。1971年生まれ。2000年代の6カ国協議に参加し、異例の若さでスペイン大使を務めたエリート外交官だ。金正恩直属の国務委員会の所属だと名乗り、米政府や関係国では北朝鮮がいよいよ本腰を入れたとの希望的観測も出た。金革哲は再会談が1週間後に迫った2月20日夜にハノイ入りし、米国のビーガン北朝鮮担当特別代表との実務協議が始まった。外交筋によると、朝鮮戦争の終戦宣言や連絡事務所設置、文化交流などでは合意が見え、米側は具体的な人道支援策も用意していた。

しかし、議題が核問題に及ぶと金革哲は「最高指導者が決めることだ」と繰り返すのみで、徹底して棚上げを図った。金革哲と共に現地入りした6人のうち通訳とチェ・ガンイル北米局副局長以外は統一戦線部など党関係者。核やミサイルについて技術的議論ができる人物は一人もいなかった。「金革哲は特別代表を名乗りながら何の権限もなかった。具体的な話になると部下に尋ねていた」（米側関係者）。制裁解除の言質を得られない北朝鮮側が会談中止を警告、米側が「結果が得られないのならそれも仕方ない」と返す場面もあったという。ポンペオは26日、金正恩と共に特別列車でベトナムに着いた金英哲に面会を打診したが、返事はなかった。またしてもぶっつけ本番の首脳会談が始まった。

†幻の署名式

再会談の会場に選ばれたのはフランス植民地時代の1901年創業の老舗ホテル「ソフィテル・レジェンド・メトロポール・ハノイ」。落ち着いたたたずまいの低い建物で、ベトナム戦争で米軍の空爆から逃れるために造られた防空壕も残されている。会談初日の2月27日夜、筆者は約1キロ離れたプレスセンターから「合意文書署名へ」と東京に原稿を送った。両首脳が夕食会を終えた後、ホワイトハウスが発表した翌日の日程に「午後2時5分、共同合意文書署名式」と明記されていたのが根拠の一つだった。特別列車で中国を縦断し、ベトナムまでの約4000キロを約70時間かけてやってきた。北朝鮮メディアは会談成功を確信しているかのように国内向けに大々的に報道。連絡事務所設置など限定的な内容であっても、何らか合意の体裁をつけるとの観測が大勢だった。

　原稿処理が一段落付いて、プレスセンターの片隅から深夜、交渉状況を知る外交官に電話を入れた。合意文書の中身について尋ねると、予期せぬ反応が戻ってきた。「きょうの会談で金正恩から隠し球は出なかった。何も固まっていない。完全な見切り発車だ」。署名式の予定発表は北朝鮮側に圧力をかけ、譲歩を迫るための駆け引きの一環だとの解説だった。誤報になるかも知れない――。不安は現実となった。「予定時刻を過ぎても（首脳の）昼食会がまだ始まらない」「署名式はなさそうだ」。再会談2日目の28日昼、代表取材のワシントン・ポスト記者がメールで異変を伝え始めた。約1時間後、大統領報道官の声明が出た。「今回は合意なし」。まさかの会談決裂だった。

　米朝両国の発表や関係者によると、金正恩は会談初日、寧辺（ニョンビョン）の核施設廃棄と引き換えに2016年以降の六つの国連安全保障理事会決議に基づく広範な経済制裁をすべて解除するよう要求した。一連の決議は北朝鮮の主要な外貨収入源だった石炭や水産物の輸出を禁止し、北朝鮮への石油や石油精製品の供給を制限した。北朝鮮は制裁の解除要求を民生分野に絞ったと主張したが、その民生分野こそが核・ミサイル開発の資金源を断つために中国の同意も得て国際社会が踏み込んだ核心だ。

　首都平壌から北に約90キロ離れた寧辺で核関連施設の建設が始まったのは1960年代前半

にさかのぼる。86年には実験用黒鉛減速炉が稼働。使用済み核燃料から核兵器の原料となるプルトニウムを取り出す再処理施設や軽水炉、核燃料の貯蔵施設のほか、もう一つの核兵器原料である高濃縮ウラン製造につながる濃縮施設もある。北朝鮮の核開発の「心臓部」として6カ国協議など過去の非核化交渉でも焦点となってきた。金正恩から「永久廃棄」の意思表明を引き出した文在寅は「寧辺が廃棄されれば非核化は後戻りできない段階に近づく」と米側に売り込んだ。

しかし、米情報当局は寧辺以外にも秘密のウラン濃縮施設が存在すると分析。日米の当局者の間では、金正恩が寧辺廃棄に応じるのは、寧辺抜きでも核兵器の開発・製造を続けられるとの自信の裏返しだとの見方が多い。6カ国協議中断からすでに十数年が経過し、金正恩自身、「国家核戦力」の完成を宣言している。日本政府当局者は「寧辺廃棄だけでは制裁解除に応じないとの米側の立場は一貫していた。北朝鮮は現状を把握できていなかったとしか思えない」と指摘。金正恩が文在寅との会談を通じて甘い見通しを抱き、「寧辺カード」を過信した可能性が高いとみる。

†食い下がる金正恩

しかし、金正恩の計算が完全に的外れだったとは言えない。ハノイ会談と同時進行でワシントンではトランプの元顧問弁護士のマイケル・コーエンがロシア疑惑をめぐり議会証言に立ち、トランプを「ペテン師」と批判していた。ジョン・ボルトンの回顧録によると、トランプは2日目の会談に先立つ側近らとの打ち合わせをキャンセルし、会談の休憩中も公聴会を伝えるテレビに見入った。外交成果を誇示したいトランプはいら立ち、不完全でも「小さな取引」をまとめるか、席を立つかのどちらが大きなニュースになるか、側近らに尋ねた。ボルトンは「メディアの目をそらすため（トランプが）本能的に何かやるのではないかと心配した」と振り返っている。

トランプは実際、会談で寧辺に加え、ICBMを廃棄する気はないかと打診した。米国が米本土に届くICBM廃棄で手を打つことは、大量の中距離ミサイルの脅威にさらされる日本が最も警戒するシナリオだった。しかし金正恩は、最高指導者であっても「正当な理由なしには動けない」と強調し、提案に乗らなかった。トランプは席を立った。

崔善姫（チェソンヒ）外務次官は会談後の記者会見で、ポンペオとボルトンが「敵意と不信の雰囲気」をもたらしたと非難した。北朝鮮関係筋は「あとは署名するだけの合意文書が用意されていた」と主張する。ボルトンによると、金正恩は会談決裂が決定的となった後も寧辺廃棄案に言及した「ハノイ宣言」を発表しようと食い下がったといい、国内に成果を示す必要に迫られていたことをうかがわせた。外交筋によると、ビーガンも協議継続に備えて帰国便を予約していなかった。「大統領が最終的にどう決断するか、誰も分からなかった」(米政府関係者)。

金正恩は巧みにトランプをハノイへと誘い出しながら、本番での強気な姿勢が「歴史的会談」から手ぶらで帰る誤算を招いた。トランプの譲歩を懸念していた日本政府内では会談決裂に安堵の声さえ広がった。

†「魔法の力」

しかし「決裂」後も金正恩とトランプの親書のやり取りは続き、トランプは3月22日付の書簡で「あなたは私の友人であり、これからもずっとそうだ。メディアはとやかく言うが、われわれは素晴らしい進展をつくった」と強調した。金正恩も交渉再開の望みを捨てていなかった。シンガポール会談1周年を前にした6月10日付書簡ではハノイ会談もかけがえのない思い出だとし「私たちの深く特別な友情が魔法の力として働き、すべてのハードルを取り除き朝米関係の進展を導くと信じます」と再会を促した。これが6月30日の電撃的な会談につながる。

20カ国・地域首脳会議(G20サミット)のため大阪にいたトランプは6月29日朝、ツイッターで次の訪問地である韓国滞在中に南北の軍事境界線にある板門店を視察する計画を明らかにし、金正恩に会談を呼び掛けた。同日付で親書も送った。「明日午後、DMZ(非武装地帯)の近くに行くので3時半に会いませんか。特段の議題はありませんが、私たちは格別に近しいから再会できるとすてきだと思いまして」。即興外交の極みである。日本政府関係者は「トランプが朝、思いついたというのは本当だ」とがくぜんとしていた。

金正恩はハノイ会談決裂後の4月の施政演説でトランプとの3回目の会談に意欲を示す一方で、年末を期限に米側の態度転換を要求したが、米政府は対北朝鮮制裁を堅持。対話再開の糸口を探しあぐねる北朝鮮は「結果を出すために動こうというのなら時間的余裕は多くない」(外務省のクォン・ジョングン米国担当局長)と焦りを見せ始めていた。非核化措置で譲歩せずに最高指導者の体面を保つことができる「渡りに船」の会談提案に、北朝鮮は飛びついた。

†要求変転

「閣下と私の間に存在する素晴らしい関係がなければ、恐らく1日で対面が電撃的に実現することはなかったでしょう。この素晴らしい関係が今後、他の人には予想できない良いことを引き続きつくり、今後直面する難関や障害を克服する神秘的な力になると確信します」。金正恩は現職の米大統領として初めて北朝鮮の地を踏んだトランプを持ち上げた。外交筋によると、板門店でトランプと再会を果たした金正恩は制裁解除を要求せず、非核化には自国の体制や安全の保証が不可欠だとの原則的主張に戻っていた。妹の金与正は2020年7月10日の談話で、板門店会談ではトランプが寧辺の核施設廃棄のほか追加的な非核化措置を要求したのに対し、金正恩は「われわれの体制と人民の安全を制裁解除ごときと引き換えにすることはない」と拒否したと明らかにしている。

北朝鮮側はシンガポールでの初会談にいたる米朝接触では体制保証を重視。シンガポール会談後も非核化協議に入る前にまずは朝鮮戦争の終戦宣言に取り組むべきだと要求していた。しかし、上述のようにハノイでの再会談では経済制裁解除を要求。米側関係者によると、金正恩は終戦宣言や連絡事務所設置案には関心を示さなかった。3回の米朝会談で金正恩の要求が「体制保証→制裁解除→体制保証」と変転したのはなぜか。北朝鮮を長く見てきた外交筋や専門家は、金正恩は経済発展を望んでいるものの究極の目標は独裁体制の維持にあるとの見解で一致する。日本政府当局者は「体制保証は一朝一夕にどうにかなるものではない。ハノイでは韓国の助言に乗ってまずは目先の制裁解除を取りに行ったが、うまくいかなかった。原点に戻ったということだろう」と分析した。

米朝首脳は板門店での短時間会談で実務協議実施に合意した。しかし米韓が夏の軍事演習を実施したことに金正恩は激しく反発した。8月5日付の長い親書は恨み節だった。「私は自分ができる以上のことをした。でも閣下、あなたは何をしてくれたのか。何が変わったと国民に説明すればいいのか」「何の見返りもないまま与えるだけの間抜けのように見えてしまう」。金正恩は米韓演習中止以外に期待していた事項として「私がとても望んでいた制裁緩和、それに

4回目の首脳会談の場所」を挙げながらも、対話機運は失われたとし「われわれはもう急がない」と強調した。

それから2カ月後の10月5日、北朝鮮はようやくストックホルムで実務協議に応じた。首席代表は金明吉巡回大使。ハノイ会談当時は駐ベトナム大使だったが、かつて米朝ミサイル協議を担当した核・ミサイル問題のエキスパートだ。ストックホルムに着いた際、記者団に対して米国の提案を楽しみにしているとにこやかに語ったが、協議では態度を一変させた。「米側が手ぶらできた」とテーブルをたち、金明吉は大使館に戻ると用意していた文書を読み上げた。決裂宣言だった。しかし北京への帰途一緒になった一行はトランジットで寄ったモスクワ郊外のシェレメチェボ国際空港で酒を飲んでリラックスし、協議に落胆している様子はなかった。当初から交渉に応じない方針だったとみられ、これを最後に米朝交渉は途絶えた。

†「朝鮮半島の非核化」の陥穽

北朝鮮側はストックホルムで交渉再開の条件として「敵視政策の撤回」を要求した。外交筋は「体制保証も敵視政策の撤回も伸縮自在の概念だ。交渉に出てくる北朝鮮の外交官らも明確な定義は持ち合わせていないだろう」と指摘する。

北朝鮮は過去の非核化交渉でも体制や安全の保証を要求し、数々の合意や共同声明にも関係する項目が盛り込まれている。クリントン政権は1994年の米朝枠組み合意で「米国は北朝鮮に対し、核兵器で脅したり核兵器を使ったりしないとの公式の保証を与える」と表明。ブッシュ（子）政権は2005年9月の6カ国協議共同声明で「核兵器や通常兵器により北朝鮮を攻撃、侵略する意図はない」と約束した。しかしこうした公約は北朝鮮を核放棄に導くには至らなかった。北朝鮮は体制保証を要求しながらも、具体的な優先事項は明確に説明していない。

肝心の「非核化」の定義も進んでいない。米国は2000年代に入り北朝鮮に「Complete, Verifiable and Irreversible Denuclearization（CVID）」（完全かつ検証可能で不可逆的な非核化）を要求してきた。トランプ政権では「Final, Fully Verified Denuclearization（FFVD）」（最終的かつ完全に検証された非核化）という表現に変わっているが、当然ながら米国としては非核化の対象は北朝鮮だ。しかし、金正恩が「北朝鮮の非核化」を約束したことはない。シンガポール共同声明、金正恩と文在寅による2回の南北首脳会談での宣言、2005年の6カ国共同声明、いずれもうたわれているのは「朝鮮半島の非核化」だ。北朝鮮が金日成主席、金正日総書記の「遺訓」だとするのも北朝鮮の核放棄ではなく、あくまで「朝鮮半島の非核化」だ。

もちろんこれには第1章で見たように米国がかつて韓国に大量の戦術核を配備していたという歴史的な経緯がある。1970年代には韓国の朴正熙（パクチョンヒ）政権が密かに核兵器開発を進めたこともある。91年、米国は100個程度に減っていた残りの戦術核を撤収、盧泰愚（ノテウ）大統領は12月、韓国に核兵器は存在しないと宣言した。南北は92年の「朝鮮半島の非核化に関する南北共同宣言」を発表し、「核兵器の実験、製造、生産、搬入、保有、貯蔵、配備、使用をしない」とした。しかし、米国の戦術核撤収後も北朝鮮は韓国が非核化されたとは認めなかった。

２０１６年７月６日の北朝鮮政府報道官声明は「われわれが主張する非核化は朝鮮半島全域の非核化である。ここには南の核の廃棄と朝鮮半島周辺の非核化が含まれる」と強調。その要件として、①米国が韓国に持ちながら肯定も否定もしない核兵器の公開、②韓国のすべての核兵器とその基地の撤廃と検証、③米国が朝鮮半島と周辺に核攻撃手段を持ち込まないとの確約、④いかなる場合も北朝鮮を核で脅したり核兵器を使用したりしないとの確約、⑤核の使用権を握る米軍の撤退宣布――などを挙げた。韓国に核兵器がないとの宣言は検証なしに信用することはできないし、韓国が米国の「核の傘」に入っている限り、米国の核の脅威は解消されないということだろう。北朝鮮関係筋は、在韓米軍には劣化ウラン弾が配備されていると指摘し、これも一種の核兵器だと主張する。

声明の要求のうち、４つ目の核兵器不使用宣言は前述の通り、米国は過去にも約束したことがあり検討は可能だろう。しかし、「朝鮮半島周辺」の非核化はやっかいだ。米国にとって核戦力はロシアや中国に対する抑止戦略の要であり、北朝鮮のためにＩＣＢＭや戦略爆撃機、戦略原潜の運用を縛られるような取り決めに応じるとは考えられない。さらにロシアとの中距離核戦力（ＩＮＦ）廃棄条約を離脱した米国は、軍事的に台頭する中国に対抗するために中距離ミサイルや巡航ミサイルを日本も含めたアジア太平洋地域に配備することを検討しており、東アジアの安全保障環境はいっそう複雑になっている。北朝鮮は日本が米国の「核の傘」の下にあることも問題視する可能性が高い。

日米の当局者や米国の安全保障専門家の間では、金正恩に核放棄の意思はなく、核拡散防止条約（ＮＰＴ）未加盟のインドやパキスタン、イスラエルのように核保有の既成事実化を狙っているとの見方が定着しつつある。

第1章で見たように米国は中国の水爆実験からまもなくニクソン政権が米中関係正常化にかじを切った。１９９８年に相次ぎ核実験を強行したインド、パキスタンも最初こそ経済制裁を科されたものの、ブッシュ政権は２００１年に米中枢同時テロが起きると対テロ戦争遂行のため両国との関係を強化し、事実上、核保有を不問に付した。北京で出会った朝鮮労働党関係者は「日本は米国の核を恐ろしいと思わないだろう。米朝関係が改善すればわれわれの核も米国にとって脅威でなくなる」と語った。

†180度逆の日韓

南北融和を目指す文在寅は金正恩の非核化意思は固いと主張して米朝会談を後押ししたが、

日本政府は北朝鮮ペースに引き込まれないよう米側に強く働き掛けた。トランプが首脳会談に応じる意向を表明すると河野太郎外相が訪米。河野はポンペオ中央情報局（CIA）長官やマティス国防長官、サリバン国務副長官と会談した際、5ページの資料を配布。首脳会談開催の条件として、①朝鮮半島の完全かつ検証可能で不可逆的な非核化、②日本に届く中距離弾道ミサイルの放棄、③国際原子力機関（IAEA）の査察受け入れ、④日本人拉致問題の解決、⑤化学兵器廃棄――などを北朝鮮に約束させるよう求めたという。[97]

安倍晋三首相や谷内正太郎（やちしょうたろう）国家安全保障局長は、日本政府は「行動対行動」を主張する北朝鮮のサラミ戦術に陥らず、短期間で非核化を達成する包括的合意をまとめることが不可欠だと強調。射程次第で日米間の温度差が露呈しかねないミサイルよりも、核兵器そのものの廃棄の重要性を説いた。ボルトンは回顧録で米朝交渉に関与を図る日韓の見方は「180度、逆だった」と指摘している。結果的には日本政府の意見が通ったように見える。当時の交渉に携わった関係者は「北朝鮮に限って言えばトランプ政権の政策の半分以上は日本が決めていた」と語る。

†なぜ対話に転じたのか

北朝鮮はなぜ突如対話に転じたのか。トランプ政権下の米朝交渉を検証した米政府高官はその理由として三つの要素を挙げる。第一に「金正恩に限らず金日成も金正日も常に米国の指導者と肩を並べることに並々ならぬ意欲を示してきたし、そのチャンスを追求してきた」。米国との間で高位レベル、可能なら首脳レベルで直接会談すればそれだけで国際社会で存在感を示すことになり、国内にもアピールできる。第二に「米朝の緊張を和らげ関係を安定させたかった」。ICBM「火星15」のロフテッド軌道による発射をもって一方的に核戦力完成を宣言したのは、金正恩なりの危機管理だったとみる。そして第三に「あわよくば自分たちの都合の良い条件に誘い込めると判断した」。しかしハノイでは寧辺の廃棄だけで安保理制裁を解除できるとの甘い見込みにより会談は決裂した。

米朝の交渉関係者や日本政府当局者の証言から浮かび上がるのは、自国だけでなく同盟国の国益を左右する安全保障問題さえも個人的な「ディール（取引）」であるかのように扱ったトランプと、そこに勝機を見いだしながらも結果的に振り回されてきた金正恩という構図だ。ここ一番の大舞台で制裁解除を引き出せず、挫折を経験した金正恩は、体制維持の「宝剣」と位置付ける核戦力への執着を一層強めている。

3．反省する最高指導者

†コロナ鎖国と「苦難の行軍」

「世界は遠からず、わが国の新たな戦略兵器を目撃するだろう」。北朝鮮国営メディアは2020年1月1日、金正恩が前年12月末に開かれた党中央委員会総会の演説でこう予告したことを伝えた。金正恩は米国が経済制裁や米韓合同軍事演習による敵視政策を続けていると非難し、正面突破を図ると宣言。「一方的に公約に縛られる根拠はなくなった」と述べ、核実験や大陸間弾道ミサイル（ICBM）発射実験の中止措置撤回を示唆した。

「新たな戦略兵器」を巡ってはさまざまな臆測が飛び交った。ICBMかSLBMのどちらかとみられ、金正恩が11月の米大統領選をにらみながらトランプとの再度の直談判へ布石を打ったかに見えた。しかし、その直後、世界は文字通り一変した。1月、隣国中国で新型コロナウイルスの感染が拡大、北朝鮮は同月末、「国家存亡にかかわる問題」（労働新聞）だとしてどの国よりも早く国境封鎖に乗り出し、2月、「国家非常防疫体系」の導入を宣言した。10月10日の党創建75年の軍事パレードでは、後に「火星17」との名称が明らかになる世界最大級のICBMが登場したものの、この年、短距離弾道ミサイルを除き発射実験はなかった。想定外のコロナ禍により戦略兵器計画と対米外交に狂いが出たとみられる。

金日成、金正日を神格化してきた独裁国家にあって、金正恩はよく反省する指導者だ。「国家経済発展5カ年戦略遂行期間は昨年で終わったが、目標はほぼすべての部門でひどく未達成となった」。金正恩は2021年1月、第8回党大会の初日、前回大会からの5年間の経済運営がうまく行かなかったことを率直に認めた。党大会の準備作業として約4カ月にわたって実態把握に努め、現場で働く労働者や農民、知識人らからも意見聴取したとし、国民の声に耳を傾ける姿勢をアピールした。軍事力を強調するだけでは民心を引き留められないとの厳しい現状認識が、このころまではうかがえた。

「わが人民に最大限の物質的、文化的福利をもたらすために、党中央委員会をはじめ各級党組織、全党の細胞書記がより厳しい『苦難の行軍』を行うことを決心した」。2021年4月、金正恩は末端幹部を集めた「党細胞書記大会」の閉幕の辞でこう語った。「苦難の行軍」は元来、金日成が1938年12月から39年3月まで酷寒の中朝国境山岳地帯で繰り広げたとされる抗日パルチザン活動を指す。しかし金正日体制下の1990年代後半、配給制の破綻により大量の餓死者を出し、国民に危機克服を訴えるスローガンとして使われたことの方が記憶に新しい。金正恩が抗日パルチザンの精神の意味で使ったとの見方もあるが、北朝鮮関係者は「国民が『苦難の行軍』と聞いて最初に思い浮かべるのは1990年代の経験だ」と語る。金正恩も当然、この言葉の持つ響きを承知の上で使ったと見るのが自然だろう。

北朝鮮が経済不振を認めるのは初めてではない。朝鮮労働党は1993年12月の中央委員会総会で第3次7カ年計画（1987〜93年）の主要目標を達成できなかったと公式に発表した。旧ソ連と東欧で社会主義体制が崩壊、北朝鮮を取り巻く国際環境は急変、国防強化も迫られたとし、「わが国の社会主義経済建設に大きな障害と難関をつくり出した」と説明。「7カ年計画で見越していた経済成長速度を調節、経済規模を縮小し、いかなる条件下でも生きていけるよう経済的自立性を一層強化する」ことを決定し、それまでの重工業中心路線から「農業第一主義、軽工業第一主義、貿易第一主義」への転換を打ち出した。当時、ラヂオプレス（RP）は「北朝鮮としては異例の正直さを発揮した」と報じている。金日成は直後の「新年の辞」でも「予想外の国際的な出来事と国内の深刻な状況により経済建設は相当な困難と障害に直面している」と述べた。

米朝首脳会談決裂により国連の経済制裁解除の見通しが立たなくなったのを受け、金正恩が中国での新型コロナウイルス感染拡大を理由に国境を封鎖し、「自力更生」に回帰したのと重なる。違いと言えば金正恩は金日成同様、農業、軽工業を強調する一方、貿易については自立経済建設に必要な最小限にするとしている点だ。

金正恩が反省の弁を語り、困難な状況を語るのは中国やロシアに向けられたものだとの分析もある。中国は東北部と国境を接する北朝鮮の体制不安定化を警戒している。国内の状況が厳しいと強調することで中国の関心を核・ミサイル開発ではなく経済状況に引き付け、支援を引き出すことを狙っているとの指摘はうがちすぎか。

✝党組織指導部16号室

「16号室」。父親の総書記金正日の死去を受け、金正恩が最高指導者となって間もない2012年後半、経済立て直しのために党組織指導部に新設した直属の部署だ。「父のようなやり方はしない」。正恩は当初、経済改革に意欲を燃やした。39号室で働いたことのある人民経済大学の教授が室長を務め、中国やシンガポール、ドイツ、日本の経済政策を研究した。しかし、形式主義に凝り固まった計画経済と市場主義を両立させるのは無理がある。社会主義を否定したと取られれば命を失う。成果を出せないまま室長は解任された。

一方で、金正恩は14年に「社会主義企業責任管理制」を導入した。工場や協同農場の裁量を拡大し、生産性を高めればその分の対価を得られるようになった。農業では「圃田（田畑）担当責任制」を導入。家族や親戚単位で特定の農地を担当し、国が買い上げる一定量を供出すれば余剰分は自由に処分が可能だ。市場原理を導入したと言えるが、草の根的に広がっていた市場経済を追認したという方が実態に近いのかも知れない。

旧ソ連が崩壊して間もない1994年、金日成主席が死去。金正日体制となった。共産主義圏の崩壊に伴い北朝鮮は90年代後半、未曽有の経済危機に見舞われ、大量の餓死者を出した。

その後の研究によると、国全体としての食糧は足りていたのに、配分に失敗したとの分析や、国際社会の食糧支援を得ながら、その分、外貨温存のため食糧の輸入を減らしたため結果的に食料不足に陥ったとの分析もある。

　いずれにせよ国家の配給制度が破綻し、庶民は文字通り「自力更生」で生き延びるしかなかった。そうして生まれたのが「チャンマダン」と呼ばれる自由市場だ。2003年、北朝鮮はチャンマダンを合法化した。さらに2000年代、中国の経済成長に支えられ、石炭や鉄鉱石の輸出が急増。韓国銀行（中央銀行）の推計によると、北朝鮮は毎年1％前後の経済成長を維持。石炭枯渇を憂慮した政府は08年に500万トンの上限を定めたが、統制はきかず、16年輸出量は4倍超の2200万トンに達した。

　こうした利権を握っていたのが張成沢だ。筆者は金正恩体制スタート直後の訪朝時に彼を間近に見たことがある。万寿台（マンスデ）創作社で新たな銅像の除幕式に案内された。実力者らがずらりと並ぶ中でも張成沢はいかにも面倒そうな表情を見せていた。外国人記者にまで「いつか粛清されるのでは」と思わせるほど不遜な態度だった。

　張成沢は2013年12月、処刑された。当時の北朝鮮の発表では張成沢の罪状には資源を二束三文で売り渡したとの項目も含まれている。張成沢は中国最高指導部と強いパイプを築き、訪中して胡錦濤国家主席と会談、国賓級の厚遇を受けた。しかし当時、経済特区建設で合意した鴨緑江の中洲「黄金坪（ファングムピョン）」は手つかずのまま。鉄条網のすぐ向こうでは農村を背景に北朝鮮の兵士が歩哨に立つ。

†計画経済回帰

金正恩は2016年の第7回党大会で貿易の活性化を訴え、単純な資源の切り売りでなくサービス産業や加工品輸出を増やすよう求め、外国からの投資呼び込みにも意欲を示した。しかし国際社会は核と経済の並進路線を受け入れず、国連安全保障理事会は16〜17年にかけて経済制裁を大幅強化した。18〜19年の米朝交渉も失敗に終わり、外資呼び込みによる「経済強国」建設の夢はついえた。北朝鮮駐在の経験のある中国政府関係者は筆者に「北朝鮮は狭い。中国のように沿岸部だけ経済特区を導入し、徐々に市場経済に移行しながら体制を維持するというのは難しいのではないか」と語った。

2021年の第8回党大会で金正恩は改めて外部に頼らない自力更生を強調した。自力更生が「敵の卑劣な制裁策動を自強力増大、内的動力強化の絶好の機会として反転させる攻撃的な戦略」であり、「社会主義建設において恒久的に堅持すべき政治路線」だとした。新型コロナ対策として中国との国境を閉鎖して1年近くがたち、貿易は激減した。

北朝鮮は新型コロナを奇貨として統制を強め、軍や党の傘下組織や有力者がため込んでいた外貨をはき出させようとしているようだ。「一言で言えばカネの唯一指導化、一元管理だ」。北京の北朝鮮関係筋はこう総括した。金正恩は自給自足を大前提とする新たな経済5カ年計画を提示し、「国家の統一的な指揮管理の下、経済秩序を復元する」と強調。限られた資金と資源の配分を徹底統制、蓄財や横流しを取り締まる方針を示した。

前述したようにコロナ対策の国境封鎖からしばらく動きが止まっていた石炭の密輸も再開した。各機関が競って外貨稼ぎに従事していた往時とは違い、今は密輸による収入は最高指導者の資金源として厳格に管理され、吸い上げられている可能性がある。

北朝鮮国営メディアによると、金正恩は22年12月末の党中央委員会拡大総会での報告で「22年は決して無意味でない時間であった」と語った。しかし、具体的な成果としては核戦力政策の法制化（第4章参照）や国防力強化を前面に出し、経済分野では首都などで軍を動員して進める住宅建設の意義を強調したのみだった。

ロシア・冷戦史研究の第一人者、下斗米伸夫（しもとまいのぶお）は「貧困にあえぐ社会主義国が独自の核ゲームに参入することにより国民に多くの負担と犠牲を強いて、飢餓を招く」例としてスターリンのソ連、毛沢東の中国、金正日の北朝鮮を挙げた。[98] 金正恩の北朝鮮が同じ轍を踏まない保証はない。

第４章

北朝鮮の核ドクトリン
――報復から先制へ

「ICBM搭載用の水爆」の模型とみられる物体を視察する金正恩朝鮮労働党委員長
（肩書は当時、朝鮮通信=共同、2017年9月3日配信）

1．戦術核の登場

†槍と短剣

北朝鮮は体制存続を懸けて核兵器開発を進め、時には国際社会を手玉に取る瀬戸際外交で経済支援を引き出してきた。トランプ政権との米朝交渉に先立つ2017年、6回目の核実験で大都市をまるごと壊滅させうる核を手にしたことを誇示、米本土を狙う大陸間弾道ミサイル（ICBM）の発射実験を行い、「国家核戦力の完成」を宣言した。しかし18～19年の米朝交渉決裂後は一転、完成したはずの核戦力の開発を再開。韓国を標的とする新型短距離弾道ミサイル開発を集中的に進めた上で戦術核開発を公表し、22年にはICBMの発射実験も再開した。米国に対しては戦略核という槍を構え、韓国には戦術核という短剣をのど元に突きつける二段構えの抑止戦略だ。金正恩はもはや核を手放すことはあり得ないし、場合によっては先に使うと強調している。

とりわけ韓国や日本が神経をとがらせるのが「使える核」とも称される戦術核への傾倒だ。金正恩は21年1月の第8回党大会報告で、国防工業強化策として真っ先に戦術核開発を挙げた。

金正恩の戦術核への言及が伝えられたのはこれが初めてだ。

核兵器の小型軽量化、戦術兵器化を一層発展させ、現代戦において作戦任務の目的と攻撃対象に合わせてさまざまな手段に適用できる戦術核兵器を開発し、超大型核弾頭生産も持続的に推し進めることで、朝鮮半島地域における各種の軍事的脅威を、主導権を維持しつつ徹底的に抑止、統制管理できるようせねばならない。

言葉通りとらえれば、当時既に「超大型核弾頭」は生産段階に入っていたが、戦術核はまだ開発段階だったということになる。戦術核の明確な定義はない。大まかに言えば実際の戦闘での使用を想定した低出力の核で、比較的射程の短いミサイルなどに搭載される。敵の侵略を抑止するためＩＣＢＭに搭載する大出力の戦略核と対をなすものだ。

北朝鮮の話法を読み解く上で重要だと思われるので、労働新聞が２０１３年5月21日に掲載した「核兵器の小型化、軽量化、多種化、精密化」と題した記事から戦略核や戦術核の定義、分類を紹介する。

戦略核兵器――相手の大都市と産業中心地、指揮中枢と核武力集団など戦略的対象物を打撃するための核弾頭とその運搬手段から成る兵器。大陸間弾道ミサイル（射程が6400キロ以上の地対地長距離弾道ミサイル）、戦略爆撃機、弾道ミサイル原子力潜水艦により発射される。

戦術核兵器——前線や作戦戦術的縦深地帯にある有生力量と火力機材、戦車、艦船、指揮所などを打撃するための核弾頭とその運搬手段からなる兵器。運搬手段は戦術ミサイルと原子砲、戦闘爆撃機、誘導魚雷などがある。

戦域核兵器——地域規模の戦争の場で射程が中距離の運搬手段により発射される核兵器。

表6　北朝鮮の核兵器分類法

爆発威力（TNT 火薬換算）	分類
1 kt 以下	極小型核
1 ～15kt 以下	小型核
15～100kt 以下	中型核
100kt～ 1 メガトン以下	大型核
1 メガトン以上	超大型核

『労働新聞』（2013年 5 月21日）を基に筆者作成

記事は北朝鮮が同年2月に3回目の核実験で「小型化、軽量化された原爆」を試し、翌3月核武力と経済建設の並進路線を決定した直後の文脈で書かれており、必ずしも戦術核に焦点を当てたものではないが、戦術核と重なる小型核に関する以下の記述は目を引く。核兵器の小型化とは爆発力をTNT換算で15キロトン以下にすることを意味するとした上で「爆発力が大きければ良いというものではない。前線と後方、敵味方の厳格な境界なく立体的に展開する現代戦においてこのような武器（大出力核）を使うのは実質的に難しい。核兵器を小型化するのは経済的にも極めて重要な問題となる」と指摘した。超大型核弾頭については「１メガトン以上」と説明している。

『朝鮮語大辞典』（電子版）は「戦術的核兵器」について「戦術的な作戦範囲において軍事活動に参加する核兵器。近距離や中距離ロケット兵器を指す。敵の有生力量、さまざまな防御施設と戦闘兵器、戦術技術機材のような戦術的目標を直接破壊したり掃滅したりすることを基本使命とする」と説明する。労働新聞にも出てきた「有生力量」は聞き慣れない言葉だが、兵士や軍馬を指す中国語が由来で、要は兵士ら人的戦力を指す。

金正恩の戦術核開発明言やウクライナに侵攻したプーチンの核の威嚇により脚光を浴びることになったが、北朝鮮は当初から戦術核保有を視野に入れていたとみて良いだろう。第１章で見たように金日成が核兵器保有の意思を明確にした１９６０年代、在韓米軍には大量の戦術核が配備されていた。さらに北朝鮮が戦略核運用のためのＩＣＢＭ保有に至ったのは比較的最近のことであり、それ以前は韓国や日本を狙うスカッドやノドンへの核搭載を当座の目標としていたとみられるからだ。実際、米軍当局者らは２００９年の時点で北朝鮮がノドン用の核弾頭を既に開発・製造している可能性があるとみて、北朝鮮が戦争の初期段階で核を使うシナリオも想定してきた[99]。核戦力の高度化が進む一方、通常兵力では米韓に劣る構図に変わりはなく、北朝鮮が戦術核使用も想定した作戦計画への改訂を進めている恐れがある。

†5カ年計画

金正恩は2021年の第8回党大会で、戦術核のほかにも射程1万5000キロのICBMや固体燃料のICBM、原潜や偵察衛星、極超音速ミサイルの開発といった極めて野心的な目標を公表した。多弾頭は研究の仕上げ段階にあるとし、新型弾道ミサイルに搭載する「極超音速滑空飛行弾頭」などは試験製作に入る準備を進めていると説明。原潜については設計研究が終わり、最終審査段階にあるとし、偵察衛星は設計を完成したと述べた。党大会では「国防科学発展および兵器システム開発5カ年計画」が示され、金正恩はこれにより「第2次国防工業革命」を遂行すると強調した。日本で言えば5年ごとの中期防衛力整備計画（中期防）に当たる。[100]

北朝鮮は同年夏以降、「弾頭重量2・5トン」の新型弾道ミサイル、長距離巡航ミサイル、「極超音速ミサイル」とする「火星8」を発射。2022年には巨大な新型ICBM「火星17」の発射実験を成功させた。米国は火星17について複数の核弾頭搭載（多弾頭化）を目指していると分析。日本政府も「弾頭重量等によっては1万5000キロメートルを超える射程となり得るとみられ、その場合、米国全土が射程に含まれる」（浜田靖一（やすかず）防衛相）と認定した。北朝鮮国営メディアによると2022年12月には東倉里（トンチャンリ）の「西海（ソヘ）衛星発射場」で国防科学院が推

表7　金正恩が第8回党大会（2021年1月）で言及した兵器開発（国防科学発展および兵器システム開発5カ年計画）

核兵器	核兵器の小型・軽量化、戦術兵器化をさらに発展させ、現代戦における作戦任務の目的と打撃対象に応じて様々な手段に適用できる戦術核兵器を開発
	超大型核弾頭の生産継続
運搬手段	1万5000km 射程圏内の任意の戦略的対象を正確に打撃、掃滅する命中率をさらに向上させ、核先制および報復打撃能力を高度化
	近い期間内に極超音速滑空飛行弾頭を開発、導入
	水中および地上の固体燃料エンジンの大陸間弾道ロケット（ICBM）開発
	核長距離打撃能力を強化する上で重要な意義を持つ原子力潜水艦と水中発射型核戦略兵器の保有
情報・監視・偵察	近い期間内に軍事偵察衛星を運用して偵察情報収集能力を確保
	500km 先まで精密偵察できる無人偵察機を開発
その他	ハイテク兵器と戦闘技術機材を開発、人民軍を先端化、精鋭化した軍隊に
	装備の知能化、精密化、無人化、高性能化、軽量化

朝鮮中央通信（2021年1月9日）報道をもとに筆者作成

力140トンの固体燃料エンジンの燃焼実験を実施した。23年2月8日の軍事パレードでは固体燃料の新型ICBMとみられるものも登場した。

党大会で示されたメニューを一つ一つこなしており、計画が単なる大言壮語ではないことがわかる。金正恩は22年6月の党中央委員会拡大総会では「周辺情勢はいっそう極端に激化しうる危険が高まっている」と述べ、目標達成の前倒しが必要だとの考えも示した。

金正恩は米朝首脳会談を前にした18年4月20日の党中央委員会総会で、核の兵器化が完結し、核実験も中長距離弾道ミサイル、ICBM発射実験も必要なくなったと宣言した。総会決定書に核実験とＩＣＢＭ発射実験の中止と豊渓里（プンゲリ）の「北部核実験場」の廃棄を明記し、５月には実験場の坑道を爆破してみせた。しかし「国家核戦力」が不完全なものであることは誰の目にも明らかだ。米朝交渉が膠着すると、実験凍結は米国との信頼構築のための「善意の措置」だったとの説明に変わった。19年12月末の党中央委総会で金正恩は、米国が相応の措置を取っておらず、北朝鮮だけ公約に縛られる理由はないとして凍結見直しを示唆し、「世界は遠からず、わが国が保有することになる新たな戦略兵器を目撃するだろう」と予告した。「新たな戦略兵器」が何を指していたのかは不明だが、２０２０年10月、党創建75年の軍事パレードで火星17が初登場しており、このことだったのかもしれない。

†日韓狙う新型ミサイル

北朝鮮は史上初の米朝首脳会談が開かれた２０１８年、弾道ミサイルを１発も撃たなかったが、翌19年２月のハノイでの再会談が決裂するとモラトリアムに終止符を打った。５月、発射実験再開の口火を切ったのは第１章でも取り上げた北朝鮮版イスカンデルと呼ばれる固体燃料の新型短距離弾道ミサイル「ＫＮ-23」だった。この時期、金正恩がＩＣＢＭ発射実験を控えながら、新型短距離の開発を優先したのは、日米韓の足並みの乱れを誘う上できわめて巧妙だった。３回目の会談を狙っていたトランプ大統領は「（金正恩は）私との約束（ＩＣＢＭと核実験中止）を破るつもりはないだろう。ディールは起きる！」（19年5月4日）とツイートし、政権幹部も「日本を狙ったわけでもグアムに向けられたわけでもない。挑発にもならない挑発だ」（ミック・マルバニー大統領首席補佐官代行）と問題視しなかった。

北朝鮮はトランプ政権の容認姿勢に乗じるかのようにKN-23をはじめ3種類の新型の短距離弾道ミサイルを頻繁に発射し、その回数は2020年3月までの間に約30発を数えた。ほかの二つは米陸軍戦術ミサイルシステム「ATACMS」（エイタクムス）に似た「KN-24」（防衛省呼称は「新型短距離弾道ミサイルB」）、「KN-25」（同「新型短距離弾道ミサイルC」、北朝鮮呼称は「超大型放射砲（多連装ロケット）」）。いずれも固体燃料で低高度を飛ぶのが特徴だ。

固体燃料は即時発射が可能で、発射前に注入する液体燃料に比べて機動性に優れ、偵察衛星などによる監視はより困難になる。とくにKN-23、24は高度50キロ以下を飛行し、着弾直前に跳ね上がるような変則的な動きで迎撃回避を図る。2018年6月に在韓米軍司令部（国連軍司令部）が移転したソウル南方、平沢（ピョンテク）のキャンプ・ハンフリーズを最大のターゲットに北朝鮮のどこからでも狙える。

†ミサイル防衛の間隙

米ミサイル専門家の故マイケル・エレマンはこうした新型短距離弾道ミサイルの登場当初か

表8　北朝鮮の主な弾道ミサイル

分類（射程 km）	液体燃料	固体燃料	攻撃対象
短距離弾道ミサイル SRBM（1000未満）	火星5（スカッドB）(300) 火星6（スカッドC）(500) スカッド改良型(不明)	KN-23（600+） KN-24（400） KN-25（400） 新型SRBM（「核弾頭重量2.5t」）(600) 鉄道発射型(KN-23系列)(750+)	主に韓国（西日本の一部）
準中距離弾道ミサイル MRBM（1000以上3000未満）	火星9（スカッドER）(1000) 火星7（ノドン）(1300-1500)	北極星2(1000+)（北極星の地上発射型）	主に日本
中距離弾道ミサイル IRBM（3000以上5500未満）	火星10(ムスダン)(2500-4000) 火星12（5000）		米領グアム
大陸間弾道ミサイル ICBM（5500以上）	火星14（10000+） 火星15（12000+） 火星17（15000+）	名称不明の新型(2023年2月8日の軍事パレード)	米本土
潜水艦発射弾道ミサイル SLBM		北極星（1000+） 北極星3（2000） 北極星4 北極星5 新型ＳＬＢＭ(KN-23系列)(600)	日韓、いずれ米本土
極超音速ミサイル	火星8（不明） 名称不明のミサイル（北朝鮮発表700-1000） ※1段目ブースターは火星12ベースの可能性		

防衛省、米国防情報局（DIA）の資料を基に筆者作成。DIA はスカッド ER を SRBM に分類。北極星4、5、固体燃料 ICBM は2023年2月時点で発射実験は未確認。火星、北極星系列以外の名称は米軍呼称。日本メディアでは MRBM も中距離弾道ミサイルと呼ぶことが多い。

らその高度に注目していた。在韓米軍が中国の猛反発を招きながら配備した高高度防衛ミサイル（ＴＨＡＡＤ）の迎撃高度は50キロ以上、米韓両軍が配備する地対空ミサイル「パトリオット」は40キロ以下とされる。韓国を守るミサイル防衛は高度40～50キロに「隙間」があり、ここを突く恐れがあると指摘した。

北朝鮮が短距離の固体燃料ミサイル開発に集中したのは米朝交渉再開の余地を残す政治的な計算に加え、軍事的緊張が極度に高まった２０１７年の教訓を踏まえた可能性もある。防衛研究所は「東アジア戦略概観２０２０」で、北朝鮮には米国が核戦力完成の前にそれを破壊しようと「予防攻撃」に踏み切るのを封じるため、韓国領域内への報復力を示し、抑止力を高める狙いがあると分析した。北朝鮮は従前より軍事境界線付近に配した多数の長射程火砲によりソウルを人質に取ってきたが、これだけでは不十分との判断だ。

北朝鮮は韓国軍が米国のＦ－35Ａステルス戦闘機導入を進めていることを強く警戒している。北朝鮮空軍機は中国やソ連製の旧式で、最も高性能な戦闘機ミグ29でも１９８０年代後半の導入だ。燃料不足でまともな訓練もできていないとされる。米韓との戦力格差は埋めようがないまで広がっている。このため韓国の空軍基地を先に破壊してしまう戦術を取ろうとするとみられ、その攻撃手段がミサイルである。

米国の同盟国である韓国や日本、そこに駐留する米軍に対する攻撃能力を強化することは米国の軍事オプションを制約し、抑止することにつながる。北朝鮮が２０２１年9月15日に鉄道から発射したKN-23、もしくはその改良型は７５０キロ飛行、西日本の一部も射程に入る。この際、日本政府は落下推定地点について当初、日本の排他的経済水域（EEZ）外としていたが、その後EEZ内だったと修正した。変則軌道を即座には追尾できていなかったことを示している。２０１８〜21年に在韓米軍司令官を務めたロバート・エイブラムスはボイス・オブ・アメリカ（VOA）とのインタビューで、固体燃料ミサイルは地下施設に隠すこともできると指摘、１９７０年代の古い液体燃料ミサイルに比べてはるかに正確で搭載可能な弾頭重量も大きく「韓国と在韓米軍、日本にとって極めて深刻な脅威だ」と語った。

†2巡目は固体燃料

北東アジアは世界で唯一、冷戦構造が残るとよく指摘されるが、冷戦当時と今では日本の安全保障環境は一変した。朝鮮戦争（１９５０〜53年）で日本は後方基地として米軍を支援した。当時、北朝鮮は日本に対する投射能力、攻撃手段を持っていなかった。北朝鮮は日本を足場とした米軍の韓国増援を阻むすべもなかった。この苦い記憶から金日成が日本を射程とするミサイル開発の号令をかけたことは第1章で紹介した。日本が北朝鮮のミサイルの脅威を無視できなくなったのは１９９３年5月29日、ノドンが日本海に発射されてからだ。その5年後の１９

98年8月31日には、テポドン1号が日本上空を飛び越えた。

ミサイルはまずどこを狙うのか攻撃目標を定め、それによって必要な射程が決まり、その条件を満たすように設計、開発するのが定石とされる。スカッドは韓国、ノドンは日本、ムスダンや火星12は米軍の要衝グアム、ICBMは米本土という具合だ。2017年までの間に液体燃料型は韓国から米国までの射程が一通りそろい、北朝鮮は二巡目として固体燃料型の開発・配備に力を入れている。液体燃料は発射直前に燃料を注入する必要があり、発射まで時間がかかるし、その分、敵に見つかりやすくなる。これに対し、固体燃料は即応性、機動性に優れ、偵察衛星などによる上空からの探知はさらに困難になる。

金正恩は17年2月、SLBM「北極星」を地上発射型に転用した「北極星2」の発射実験を視察し「われわれのロケット工業は液体ロケットエンジンから大出力固体ロケットエンジンに確固として転換した」と述べた。韓国政府は北極星2の射程は2000キロを超えると推定。実戦配備されればスカッドERやノドン以上に日本にとって脅威となる。固体燃料ICBM開発に向けたプロトタイプの側面もありそうだ。中国の核問題専門家、趙通（米カーネギー国際平和財団シニアフェロー）は「潜水艦建造の必要性を考えると、SLBMによる核抑止への道は遠い。ICBMの固体燃料化により残存性を確保する方が現実的であり、中国もたどった道だ」と指摘する。

22年末の党中央委員会拡大総会では「迅速な核反撃能力を基本使命とする新たな大陸間弾道ミサイル体系」の開発も指示した。北極星シリーズや新型短距離弾道ミサイル開発で蓄積したノウハウを応用して固体燃料ICBMの開発を加速する構えだ。

†最も嫌われた岩

北朝鮮北東部咸鏡北道吉州（キルジュ）郡沖合の卵島（アルソム）。KN-24やKN-25の発射実験や打撃訓練でたびたび標的として使われ、英国際戦略研究所（IISS）の兵器専門家が「最も嫌われた島」と名付けた無人島だ。北朝鮮は各地からこの岩を狙い、労働新聞に着弾シーンとする写真を掲載、精度の向上を誇示している。米韓や日本のレーダーによる監視でも着弾地点はこの島と座標が一致しており、「固体燃料ミサイルの実戦配備に必要な検証を一通り終えた」（日本の防衛当局者）とみられている。

北朝鮮がどのようにミサイルの誘導を行っているのかは不明だ。スカッド系列の古いミサイルは慣性誘導とみられている。ミサイルに組み込まれたジャイロスコープで自らの位置を計算しながらあらかじめインプットされた目標への進路とのずれを補正しながら飛行する誘導方式だ。宇宙空間に飛び出して放物線を描いて落下する従来型の弾道ミサイルであれば慣性誘導で十分だとの指摘もある。

これに対し、新型ミサイルは従来の慣性誘導に加え、中国やロシアが米国のGPSに対抗して独自に構築を進める衛星測位システムを利用している可能性が指摘される。香港の英字紙サウスチャイナ・モーニング・ポストは「中国軍に近い北京の情報筋」の話として、北朝鮮はロシアの衛星測位システム「GLONASS」を利用していると報じた。[101] 同筋は2020年にフル稼働した中国の北斗システムは他国のミサイル発射のための支援は提供しないと強調。北朝鮮は中ロそれぞれに技術者を派遣し、北朝鮮の地理的条件や緯度などに照らして北斗よりもGLONASSがより適切と判断したと説明したという。北朝鮮が2014年に中国河北省の衛星統制センターの研修課程に参加し、北斗の活用方法について集中的に教育を受けたとの報道もある。[102] しかし第1章で見たように国連専門家パネルの報告書や米財務省の制裁などからも北朝鮮の昨今のミサイル技術進展はロシアが深く関わっていることがうかがわれ、誘導技術も例外でないのかもしれない。

自衛隊関係者は2022年1月の極超音速とするミサイルが左に旋回するような変則的な動きを見せたことについて、何らかの技術的問題が生じて不規則な飛び方をしたのでない限り、「上下方向の機動だけならまだしも横の動きも加わるとなると衛星測位がないと誘導は難しい」と指摘する。

2. 核使用条件の法制化

†戦争初期に主導権

では北朝鮮がもし核兵器を使うとしたら、どのような条件下でどのように使うのか。金正恩の演説や公表された関連法令を言葉どおりに受け止めるならば、その「核ドクトリン（運用指針）」は核戦力の拡大・高度化に伴い先制使用も辞さない攻撃的なものに変容している。

金与正は党中央委副部長として発表した2022年4月4日付の談話で韓国に対する核攻撃に言及して威嚇した。韓国の徐旭（ソウク）国防相が4月1日に行われたミサイル部隊の組織改編式で、北朝鮮のミサイル発射の兆候が明らかな場合は発射地点や指揮・支援施設を精密攻撃できる態勢を備えていると先制攻撃に言及したことを受けたものだ。

南朝鮮がわれわれとの軍事的対決を選ぶ状況がこようなら、核武力の使命はまず、そのような戦争に巻き込まれないようにするのが基本であるが、いったん戦争状況となれば、その使命は他方の軍事力を一挙に取り除くことに変わる。戦争初期に主導権を握り、他方の戦争意志を焼き払い、長期戦を防ぎ、自らの軍事力を保存するために核戦闘武力が動員されることになる。

韓国と戦端が開かれれば初期に核を先行使用し、短期決戦に持ち込む――。米国家情報会議のシドニー・サイラーは金与正の語ったシナリオについて「エスカレーションへの懸念」をかき立てることを狙った「修辞的装置」だと指摘。実際に核攻撃を計画しているというよりも「戦術的、短期的な振り付け」の一環であり、国際社会に核武装の現実を認めさせ、核保有国として遇されることが長期的目標だとの見方を示す。[103]サイラーは米中央情報局（CIA）出身で、北朝鮮の手法を知り尽くしたインテリジェンスオフィサーだ。オバマ政権では国務省で6カ国協議担当特使を務めた。意図的に緊張を高めて目的を達成しようとする常套手段とのベテラン分析官の指摘も首肯できるが、北朝鮮が実際に戦術核配備の能力を獲得しつつあるとみられる中、韓国からの売り言葉に対する買い言葉と片付けるべきではないだろう。在韓米軍が1960年代、朝鮮戦争が再発した場合、開戦直後に戦術核を使用する態勢を整えていたことを北朝鮮は知っている。

金与正の談話から10日余りがたった4月16日、北朝鮮東部咸興（ハムフン）から日本海に向けてミサイル2発が日本海へ向け発射され、きわめて低い高度を約110キロ飛行。飛行距離は短かったが、北朝鮮メディアは金正恩が国防省高官や朝鮮人民軍の大連合部隊長（軍団長）と共に「新型戦術誘導兵器」の発射実験を参観したと大きく報じた。17日付の労働新聞に掲載された写真では、KN-23を一回り小さくしたような形状で固体燃料の短距離弾道ミサイルとみられる。

労働新聞は新型戦術誘導兵器について「前線長距離砲兵部隊の火力打撃力を飛躍的に向上させ、朝鮮民主主義人民共和国の戦術核運用の効果性と火力任務多角化を強化する上で大きな意義を持つ」と強調した。金正恩が党大会で戦術核開発を表明後、運用システムの実験が伝えられるのは初めてだった。軍事境界線を挟んで韓国と対峙する「前線部隊」への戦術核配備を強く示唆したものだ。新型ミサイルが実際に核搭載可能かどうかは不明だ。これもまた戦術核使用に現実味を持たせるための「振り付け」だとみるか、実際の戦術核配備に向けた動きとみるか。北朝鮮の核・ミサイル開発の歴史を振り返れば後者である可能性は決して小さくない。ウクライナに侵攻したロシアは国内での補充が追いつかなくなるほどミサイルをウクライナ各地に撃ち込んだものの戦況を有利に転換できずにいる。北朝鮮が通常弾頭の弾道ミサイルの効果について疑念を抱けば戦術核搭載への誘因となる恐れがある。

†第二の使命

金与正の談話から間を置かず、金正恩自身、体制維持のためなら核使用も辞さない姿勢を鮮明にした。金日成が旧満州で抗日パルチザン闘争のため「朝鮮人民革命軍」を創建したとされる日から90年を迎えた4月25日、金日成広場で軍事パレードを実施。金正恩は演説で世界の「戦争の様相」は急速に変化していると指摘した上で次のように語った。

われらの核武力の基本使命は戦争を抑止することにあるが、この地でわれわれが決して望まない状況が作り出される場合にまでわれらの核が戦争防止というひとつの使命だけに束縛されているわけにはいかない。いかなる勢力であろうとわが国家の根本利益を侵奪しようとするなら、われらの核武力は自らの二つ目の使命を決行せざるを得ない。共和国の核武力はいつでも自らの責任ある使命と特有の抑止力を稼働できるよう徹底して準備できていなければならない。

ロシアによるウクライナ侵攻開始から約2カ月がたったころだ。金正恩の発言はプーチンが侵攻開始直後から米欧の直接介入を牽制して繰り出した核の脅しと共鳴するかのようだが、米国の核ドクトリンも強く意識している可能性がある。約1カ月前の3月28日、米国防総省はバイデン政権で初となる核戦略指針「核態勢の見直し（NPR）」の概要を公表した。[104] そこにはこう書かれている。

核兵器が存在する限り、米国の核兵器の基本的役割は米国や同盟国、パートナー国に対する核攻撃を抑止することだ。米国や同盟国、パートナー国の根本的利益を守るため極限の状況に置かれた際にのみ核兵器の使用を考慮する。

金正恩の言説は新たな核ドクトリンを打ち出したというよりも、核二大国のレトリックを研究し、取り込んでいると見る方が自然かもしれない。北朝鮮当局者らと軍縮関連会合などで意見交換したことのある外交筋は、彼らが米国やロシアの核戦略に精通しており、極めて高度な議論が可能な見識を有していると口をそろえる。

†先制使用への転換

北朝鮮は金正日総書記時代に核兵器開発を公表した当初、先制不使用を強調していた。ブッシュ政権2期目に入った直後の2005年2月10日、北朝鮮外務省は声明で6カ国協議参加の無期限中断を宣言した上で「自衛のための核兵器をつくった。われわれの核兵器はどこまでも自衛的核抑止力として残るであろう」と表明した。核兵器保有を公式に認めたのはこれが初めてだったが、核の「使用」については触れていない。

06年10月9日の最初の核実験を予告した10月3日付声明では「絶対に核兵器を先に使用することはなく、核兵器による威嚇や核の移転は決して許さない」「われわれの核兵器は徹頭徹尾、米国による侵略の脅威に立ち向かい、わが国家の最高利益とわが民族の安全を守り、朝鮮半島における新たな戦争を防ぎ、平和と安定を守護する頼もしい戦争抑止力となる」と強調。最終目標は「朝米敵対関係を清算し、朝鮮半島とその周辺からすべての核の脅威を根源的に除去する非核化だ」とした。

先制不使用の方針があいまいになってくるのは金正恩体制に入ってからだ。通算3回目、金正恩体制下では初の核実験を行った直後の13年4月1日に最高人民会議が採択した法令「自衛的核保有国の地位をより強固にすることについて」(以下「旧法令」と呼ぶ)は第4条で次のように規定した。「核兵器は、敵対的な他の核保有国がわが共和国を侵略したり、攻撃したりする場合、それを撃退し、報復攻撃を加えるために朝鮮人民軍最高司令官(金正恩)の最終命令によってのみ使用することができる」。一見、報復にしか使わない先制不使用宣言のようだが、注意深く読むと、核保有国による通常兵器攻撃に対して核で反撃する、つまり先に核を使う余地を残していることがわかる。

16年1月、「小型化された水爆」だとする4回目の核実験を行った際の政府声明でも先制不使用は明確に条件付きだ。「責任ある核保有国として、侵略的な敵対勢力がわれわれの自主権を侵害しない限り、先に核兵器を使用しないであろうし、いかなる場合にも関連手段と技術を移転することはない」。

そして同年3月、金正恩自らが核の先制使用の可能性に言及した。「核兵器化事業」を指導した場で「核先制攻撃権は決して米国の独占物ではない」と述べ、「米帝がわれわれの自主権と生存権に核で襲い掛かろうとする際にはためらわず核で先にたたく」と強調したのだ。

†斬首作戦に「自動反撃」

北朝鮮は2022年9月8日の最高人民会議で11条からなる新たな法令「朝鮮民主主義人民共和国　核武力政策について」を採択した。13年の旧法令を上書きするものだ。金正恩は施政演説で法制化により核保有国としての地位は「不可逆的なものになった」と強調。「万が一、われわれの核政策が変わるとしたら世界が変わらなければならず、朝鮮半島の政治軍事的環境が変わらなければならない。絶対に先に核を放棄したり非核化したりすることはなく、そのためのいかなる交渉もありえない」と語った。非核化交渉は論外、核保有国としての軍備管理交渉にならに応じると読めないこともないが、金正恩は「核はわれわれの国威、国体であり、共和国の絶対的力、朝鮮人民の大きな誇りだ」と続けた。核が安全保障だけでなく、きわめて政治的な意味を付与され、金正恩体制と不可分になっていることがここからも読み取れる。

旧法令と新法令を見比べると10年足らずで北朝鮮の核態勢が大きく変わったことがわかる。法令の全訳は巻末に付したので、ここでは特に新法令で示された核兵器の使用条件を中心に紹介したい。

表9　核兵器の使用条件

自動的核攻撃	国家核戦力指揮統制体系が敵の攻撃によって危険に瀕した場合、自動的に核攻撃を即時断行
核兵器が使用できる条件	①北朝鮮に対する核兵器または他の大量破壊兵器による攻撃が行われた場合、または差し迫ったと判断される場合
	②国家指導部と国家核武力指揮機構に対する核・非核攻撃が行われた場合、または差し迫ったと判断される場合
	③国家の重要戦略的対象に対する致命的な軍事攻撃が行われたり差し迫ったと判断される場合
	④有事に戦争の拡大と長期化を防ぎ、主導権を掌握するため作戦上どうしても必要な場合
	⑤その他、国家存立と人民の生命安全に破局的危機を招く事態が発生し、核兵器で対応せざるをえない不可避の状況が醸成された場合

法令「朝鮮民主主義人民共和国核武力政策について」（最高人民会議2022年9月8日採択）

第1条（核戦力の使命）は、戦争抑止が核兵器の基本的な使命だとしながらも「戦争抑止が失敗した場合、敵対勢力の侵略と攻撃を撃退し、戦争の決定的勝利を達成するための作戦的使命を遂行する」と規定した。金正恩が先に言及していた核の「第二の使命」の法制化である。

第3条（指揮統制）は、核戦力は国務委員長（金正恩）の指揮だけに服従、国務委員長がすべての決定権を持つと定め、国務委員長が任命したメンバーで構成する「国家核武力指揮機構」が補佐するとしているとした上で次のように定めている。

「国家核武力に対する指揮統制体系が敵対勢力の攻撃によって危険に瀕した場合、事前に決めた作戦計画に従って挑発原点と指揮部をはじめとする敵対勢力を壊滅させるための核攻撃が自動的に即時断行される」

法令の中でもとりわけ危険な規定だ。旧法令が「朝鮮人民軍最高司令官(金正恩)の最終命令」によってのみ核を使用できるとしていたのに対し、新法令は金正恩の直接命令がなくても自動的に核で報復する仕掛けを組み込んでいる。冷戦期に劣勢だったソ連が米国の攻撃で指揮系統が破壊された場合、自動的に核により報復するために構築したとされるシステム、通称「死者の手(デッド・ハンド)」を彷彿とさせる。北朝鮮指導部の排除、つまり金正恩の殺害を目指す米韓の「斬首作戦」を封じるための機制と言える。

さらに第6条では核兵器を使用し得る条件として次の5つのシナリオを列挙している。

①北朝鮮に対する核兵器や大量破壊兵器による攻撃が強行された場合、または差し迫ったと判断される場合。

②国家指導部と国家核武力指揮機構に対する核および非核攻撃が強行された場合、または差し迫ったと判断される場合。

③国家の重要戦略対象に対し致命的な軍事的攻撃が強行された場合、または差し迫ったと判断される場合。
④有事に戦争の拡大と長期化を防ぎ、戦争の主導権を掌握するための作戦上の必要が不可避に提起される場合。
⑤その他、国家の存立と人民の生命安全に破局的な危機を招く事態が発生し、核兵器で対応せざるを得ない不可避の状況が生じる場合。

①~③は重大な攻撃を受けた場合だけでなく「差し迫った判断される」場合にも核兵器を使用できるとした上、敵の攻撃手段は核兵器に限っていない。法令は前文で、核兵器の使用を法的に規定するのは「核兵器保有国間の誤判と核兵器の乱用を防ぎ、核戦争の危険を最大限に減らす」ためだと主張しているが、北朝鮮の恣意的判断で核の先制使用に道を開くものだ。

④はパキスタンの「非対称エスカレーション」戦略や近年注目を浴びる「エスカレーション抑止」戦略を援用したものと言えそうだ。北朝鮮の核態勢を巡ってはかねてよりパキスタンとの共通性が指摘されてきた。パキスタンは長距離ミサイルや航空機搭載型に加え、短距離ミサイルに搭載する低出力核の実戦配備を公表。隣の大国インドと通常戦力の面で劣勢にある中で、戦術核の先制使用態勢と意志を示すことでインドを抑止する戦略だ。「エスカレーション抑止」は後述するロシアの核ドクトリンに組み込まれているとされ、核を限定的に使用すること

で事態を局地的にエスカレートさせて敵の反撃意志をくじき、他国の介入を抑止、自国に有利な条件で停戦に持ち込むことを狙うものだが、いずれも実際に機能するのか疑わしいきわめて危うい理論と言える。何しろ広島、長崎以降、核は一度も使われていないのであるから、まさに机上の空論となりかねない。

⑤はクーデター鎮圧など国内での核兵器使用も想定している可能性がある。エスカレーション抑止戦略と連動させるシナリオも排除できない。

北朝鮮が最初に核保有の法制化に乗り出したのは2012年4月の憲法改正だ。前年12月に金正日総書記が死去し、金正恩が権力を継承した直後に当たる。憲法序文で金正日について「先軍（軍事優先）政治でわが祖国を不敗の政治思想強国、核保有国、無敵の軍事強国に変えた」とたたえ、憲法で自国を核保有国と明記した。年末から翌年にかけて「地球観測衛星打ち上げ」と3回目の核実験を相次ぎ強行、米本土を狙うICBM開発能力を内外に示した上で旧法令を発表した。先制攻撃を完全に排除していないものの、基本的には核による報復能力の宣伝に重きを置いた比較的シンプルな内容だった。これに対し、新法令は「非対称エスカレーション戦略」を巡る議論や米国の低出力核配備など「核の復権」とも呼ばれる国際情勢と連動しており、技術的側面では固体燃料の短距離弾道ミサイルと戦術核の戦力化と軌を一にしている。

ちなみに一般に核保有5カ国の「核の先制使用」「核の先制不使用」を巡る議論は、核兵器による先制攻撃の是非ではなく、攻撃を受けた場合に核兵器を先に使うか否かの議論である。先制攻撃は国際法上、一般に禁じられている。国連憲章はすべての加盟国に武力による威嚇や行使を慎むよう定めており（第2条4項）、武力行使が例外的に認められるのは第41条が定める経済制裁などの措置では不十分な場合、安全保障理事会が「平和に対する脅威、平和の破壊又は侵略行為」を認定、「国際の平和および安全の維持または回復」のための措置として集団的に軍事行動を取る場合（第42条）と個々の国家が武力攻撃に対して個別的、集団的自衛権を行使する場合である（第51条）。ただし実際の国際社会ではしばしば明らかな先制攻撃が行われているし、それを「予防攻撃」「先制的自衛」と正当化する事例もある。さらに軍事技術の発達は先制攻撃と自衛権行使の線引きをいっそう曖昧なものとしている。仮に北朝鮮が「敵の攻撃が差し迫った場合」に当たるとして核攻撃に踏み切れば、敵対関係にある日米韓からすればそれは先制攻撃であるし、北朝鮮は「先制的自衛」だと主張することが予想される。

†日本への核攻撃

新法令は日本として看過できない内容を含んでいる。第5条（核兵器の使用原則）にある「非核国家が他の核兵器保有国と結託して（北朝鮮に対する）侵略や攻撃行為に加担しない限り、これらの国を相手に核兵器で威嚇したり、核兵器を使用したりしない」との規定だ。旧法令にも同様の規定があった。非核保有国であっても米国と共に軍事行動を取れば韓国であれ、日本であれ、核攻撃の対象になり得るという論理だ。

米国と日韓を分断するデカップリングの仕掛けと言えるが、これもまた北朝鮮のオリジナルではなく、核拡散防止条約（ＮＰＴ）上の核保有5カ国の核政策で焦点の一つとなってきた「消極的安全保障（ＮＳＡ）」の議論が下敷きとなっている。消極的安全保障は核保有国が非保有国に対し核兵器を使用しないことを約束することを意味し、ＮＰＴの交渉過程から非同盟運動（ＮＡＭ）諸国を中心とする非保有国が核放棄の見返りとして要求してきた[105]。ＮＰＴの無期限延長を決定した１９９５年のＮＰＴ再検討会議直前、5カ国は消極的安全保障を一方的に宣言したが、米英仏ロは「非核兵器国が他の核兵器国との協力または同盟関係の下で、自国や同盟国を侵略したり攻撃したりする場合」は除外するとした。中国だけはいかなる時も非核兵器国や非核兵器地帯に核兵器を使用したり核兵器を使用すると威嚇したりしないと宣言した[106]。北朝鮮は中国ではなく、米英仏ロ版のいわば「消極的な消極的安全保障」を採用したと言える。

日米安保体制を持ち出すまでもなく、北朝鮮からすれば日本は間違いなく消極的安全保障の対象外だ。北朝鮮は一貫して在日米軍と日本を主要な攻撃目標として作戦を練り、ノドンやスカッドＥＲといった準中距離弾道ミサイル（ＭＲＢＭ）をはじめ、必要な攻撃能力獲得を目指してきたし、その意図も隠していない。北朝鮮が２０１６年9月5日に南西部黄州からスカッドER3発を発射した翌日の労働新聞は発射を指導した金正恩の写真を掲載した。机上の地図にはカーブする線が引かれ、大阪や能登半島の辺りを通っていた。スカッドERの射程1000キロの同心円だ。内側に位置する米軍岩国基地（山口県）や米海軍佐世保基地（長崎県）、自衛隊基地は攻撃可能だとの露骨なメッセージだった。労働新聞は17年5月2日付論評でも日米合同演習を非難し、「万が一、朝鮮半島で核戦争が起こる場合、米軍の兵站基地、発進基地、出撃基地となっている日本が真っ先に（核の）放射能の雲で覆われるであろう」「朝鮮半島でひとたび戦争が起これば、最も大きな被害を受けるのは日本だ」と警告した。

日本には平時でも陸海空軍と海兵隊で5万5000人（22年6月現在）を超える米軍が駐留する。在韓米軍（約3万人）よりはるかに多い。朝鮮半島有事にはこれらの兵力が主要戦力となるだけでなく、域外からの増援、兵站拠点となるが、在日米軍基地のうち7カ所は国連軍の後方基地に指定されていることは意外と知られていない。7カ所は横田（東京都）、横須賀（神奈川県）、座間（同）、佐世保（長崎県）と嘉手納（沖縄県）、普天間（同）、ホワイトビーチ地区（同）。横田に後方司令部が置かれている。

国連軍は日本政府との地位協定により、これらの基地を使用することができ、「十分な兵站上の援助」を与えられることになっている。後方司令部は協定に基づく活動について日本の外務省に通知する義務があるが、日本側に拒否権はない。つまり休戦状態にある朝鮮戦争が再開すれば、日本は日米同盟だけでなく国際的な取り決めによっても自動的に当事者となることを意味する。[107] 岸田政権が敵基地攻撃能力保有を決定し、米軍と自衛隊の一体化は加速する。北朝鮮もこれに応じて日本を狙うミサイルの能力向上を図るだろう。

†ロシアの核ドクトリン

北朝鮮が米国の核戦略と共に参考にしているとみられるロシアの核ドクトリンをみておこう。プーチンは2020年6月、大統領令「核抑止分野における国家政策の基本原則」に署名、その内容を公表した。[108] 核抑止について防衛目的だとした上で「軍事行動のエスカレーションを阻止し、ロシアにとって受け入れ可能な条件での軍事行動の停止」を保障するのが指針の目的だと規定。核兵器が使用されうる条件として、①ロシアや同盟国を攻撃する弾道ミサイル発射を示す確かな情報を得たとき、②ロシアや同盟国に対して敵が核兵器やその他の大量破壊兵器を使用したとき、③核戦力による報復行動に死活的に重要な政府施設や軍の施設に対する干渉、④ロシアの国家としての存立を危うくするような通常兵器による侵略を挙げている。

北朝鮮の新法令がこの指針を参考にしているのは明らかだが、注意すべきはプーチンが示した具体的な4つの使用条件には「エスカレーション抑止」という要素が含まれていない点だ。ロシアが核の先行使用により戦線の拡大を封じる「エスカレーション抑止」戦略を持っているかどうかあいまいにする狙いとの分析もある。いずれにせよ北朝鮮の法令はロシアの宣言政策に比べてもきわめて核兵器使用の敷居が低く定められている。

戦術核を最初に本格的に配備したのは米軍主導の北大西洋条約機構（NATO）だ。欧州でのソ連に対する通常戦力における劣勢を戦術核で補完した。この構図がソ連崩壊後に逆転する。ロシアは経済力が低迷し軍事力でNATOの後塵を拝することになり、戦術核への傾斜を強めたとみられている。全米科学者協会によると、ロシアは核弾頭4477個を保有し、このうち戦術核1000～2000発前後が有事の使用を想定して準備状態に置かれているとされる。[109]

もって3カ月

米国防情報局（DIA）によると、朝鮮人民軍は食料や弾薬などあらゆる物資を6カ月分、備蓄するように定めているが、実際には2～3カ月しかもたない可能性がある。装備の老朽化、輸送用燃料の不足、通信回線の損耗、部隊の訓練不足などから通常戦力による大規模な戦闘を長期にわたり展開するのは困難とみら

表10　ロシアの核兵器使用条件

1．ロシアや同盟国の領域を攻撃する弾道ミサイル発射を示す確かな情報を得たとき
2．ロシアや同盟国の領域に対して敵が核兵器やその他の大量破壊兵器を使用したとき
3．核戦力による報復行動に死活的に重要な政府や軍の施設に対して敵が干渉したとき
4．ロシアの国家としての存立を危うくするような通常兵器による侵略

2020年6月2日署名の大統領令「核抑止分野におけるロシア連邦国家政策の基本原則について」

れている。こうした点も北朝鮮が戦術核を持った場合、先制使用の現実味が増す理由の一つだ。

北朝鮮は米国などの長距離攻撃に備える早期警戒システムを持たず、軍事的緊張が高まった際、状況を客観的に判断できるかどうか問題を抱える。北朝鮮外務省報道官は2017年3月29日の談話で「戦略的縦深が深くないわが国の条件で米国の先端核戦略資産と特殊作戦部隊の不意の先制攻撃を防ぎ、自らを守る道は断固たる先制攻撃だけだ」と主張した。この談話は必ずしも核による先制攻撃を明示したわけではないが、米韓の攻撃を阻止することができる手段は核しかないと判断している可能性は十分にある。

北朝鮮の核戦略の根本にあるのは今も昔も通常戦力の圧倒的な劣勢である。通常戦力の劣勢を核抑止で補うことが出発点にあったことは間違いないが、問題はその核戦力が高度化し、金正恩が「使える核」を手にしたとの認識を持ったとき、どう出るかである。

朝鮮労働党39号室の幹部だった李正浩(リジョンホ)によると、2003年ごろ会議で隣り合わせた軍高官は「ミサイルで正確に命中させなくても水爆で日本海の空母を吹き飛ばせる」と語ったという。北朝鮮が初めて「実験用水爆」を爆発させたのは16年1月だ。03年当時、水爆を保有していたとは考えにくい。軍内部でも核開発の実態が誇張されていたことをうかがわせる。李正浩は北朝鮮が核を使うとしたら標的は間違いなく韓国だとみる。「軍は米国さえ介入しなければ韓国に勝てると確信している。核だけでなく化学兵器もある。南には北のスパイがいろんな要職に就いており、シンパも多い」。

核はタブーではない

金正恩が戦術核開発を明言したのは2021年1月だが、北朝鮮国営メディアの報道からはその5年前の時点で既に韓国に対する戦術核使用を仮定した軍事訓練を実施していたことが確認できる。2016年3月10日、黄海側の南浦付近から日本海に向けてスカッド2発が日本海に向けて発射され、約500キロ飛行した。朝鮮中央通信は翌日、金正恩立ち合いの下、戦略軍の「西部戦線打撃部隊」の弾道ミサイル発射訓練が行われたとし、「外国の侵略軍が投入される敵地域の港を打撃する想定で、目標地域の一定の高度で核弾頭を爆発させる」とのシナリオを伝えた。ミサイルは東北東の日本海上に飛んだが、南東方向に同じ500キロ飛ばせば、韓国海軍作戦司令部があり、米空母や原潜も寄港する釜山港だ。「空中爆発」は放射性物質が大量の土砂で拡散するのを避けるため地面や地中ではなく、空中で爆発させる手法を想定しているようだ。訓練には核兵器の開発陣も加わった。金正恩は南西部黄州からノドンやスカッド計3発を発射した7月19日の訓練も視察し、この際も「米国の核戦争装備が投入される南朝鮮作戦地帯内の港や飛行場を（核弾頭で）先制打撃する」想定だった。軍事ドクトリンに核戦力を組み込みつつあることを示唆していた。

在韓米軍で北朝鮮の体制崩壊などに備えた計画立案に携わった元米陸軍大佐デーヴィッド・マクスウェルも韓国に対する核攻撃シナリオに早くから警鐘を鳴らしていた一人だ。16年のインタビュー当時、既に北朝鮮の軍事ドクトリンは実戦での勝利を確実にするための核使用を想定していたソ連に近く、北朝鮮が核を使うとすればそれは自滅覚悟の報復のためではなく、戦争に勝つためであり、変わらぬ武力統一目標の達成のためだと指摘。米軍の増援到着前に釜山まで一気に制圧することを目指し、戦争初期に核を使うだろうし、米軍の展開拠点となる在日米軍基地も核攻撃するとみる。もちろん日米の介入を思いとどまらせる狙いもある。「北朝鮮は日本や米国のように核はタブーだとの考えはない。単に通常よりパワフルな爆弾だ。ひとたび戦争となれば韓国であろうと自国内であろうと躊躇せず使うだろう」。マクスウェルが見通した通り、金与正は22年4月「戦争初期に主導権を握る」と語り、新法令の第5条4項にも反映された。

米国が18年に続き22年の「核態勢の見直し（NPR）」で「金体制が核兵器を使いながら生き残るようなシナリオは存在しない」[110]と強調したのは、裏を返せば北朝鮮が核兵器を使う可能性を排除できないとみているからこその警告と言えるだろう。DIAは2021年の報告書『北朝鮮の軍事力』で、北朝鮮の核戦力構築や声明を総合すると「北朝鮮が体制滅亡の危機にあると判断すれば、紛争のどの段階であっても核兵器は使用されうる。北朝鮮指導部がどの時点でそうした脅威認識を持つのか、具体的にどのような核使用計画を持っているのかはいずれもはっきりしない」としている[111]。

比較的シンプルな対米抑止戦略だった北朝鮮の核ドクトリンは核戦力の高度化、多様化に伴い、実際の使用も視野に入れた攻撃的なものに変容しつつある公算が大きい。北朝鮮は核兵器の数そのものも増やしており、偶発的なシナリオを含めて核使用への誘因は増える。核兵器が存在する限り、核戦争計画は必ず存在するのである。

3. 「実戦配備」の虚実

†暴露された機密分析

前節では北朝鮮の核ドクトリンの変遷を見たが、核戦力の技術的水準、指揮・統制システムがそれに追いついているかどうかはまた別問題だ。「一定の確信を持って、北朝鮮は現在、弾道ミサイルで運搬可能な核兵器を持っていると判断している」。2013年4月、DIAが前月にまとめた非公開報告書の結論の一節を下院議員が公聴会で暴露した。オバマ政権は情報機関全体の結論ではないとし、「短距離、中距離、大陸間など射程にかかわらず、ミサイルに搭載できるほど核兵器を小型化し、搭載する能力は北朝鮮にはない」(国務省)との公式見解を維持した。ワシントンの外交筋は「現実を認めても解決策がないからだ」と解説したが、北朝鮮が核実験を重ね、ICBMの発射実験に踏み切ると政治的な使い分けは通用しなくなった。

トランプ政権は18年2月に発表した「核態勢の見直し(NPR)」で北朝鮮の核をロシア、中国に次ぐ脅威と位置付け、「北朝鮮は数カ月内に核搭載の弾道ミサイルにより米国を攻撃する能力を獲得する可能性がある」と指摘。19年1月に発表した「ミサイル防衛の見直し(MDR)」ではさらに踏み込み、「北朝鮮は今や米本土を核ミサイル攻撃で脅かす能力を保有している」と認定した。米政府が発表した公式文書で北朝鮮の核ミサイルが米国を攻撃しうると評価したのはこれが初めてだった。[112] バイデン政権のNPR(2022年)では「中国やロシアと同レベルのライバルではないが、米国とその同盟国や友好国に抑止上のジレンマを与えている。核兵器や弾道ミサイル、化学兵器を含む非核能力を拡大、多様化、向上させており、米本土とインド太平洋地域を持続的な脅威、増大する危険にさらしている。朝鮮半島での危機や衝突は、核兵器を保有する多数の当事者を巻き込む可能性があり、衝突が一層拡大するリスクが高まる」と指摘した。

†日本政府の認定

日本政府は2020年の防衛白書で「北朝鮮は核兵器の小型化・弾頭化を実現し、これを弾道ミサイルに搭載してわが国を攻撃する能力を既に保有しているとみられる」と認定、北朝鮮が日本に対する核攻撃能力を獲得したとの分析を初めて明記した。「核兵器の小型化・弾頭化の実現に至っている可能性が考えられる」(18年)、「核兵器の小型化・弾頭化を既に実現しているとみられる」(19年)との表現から踏み込んだ。20年版はさらに、日本を射程に収める準中距離弾道ミサイル「ノドン」(射程1300～1500キロ)や「スカッドER」(同1000キロ)に加え、SLBM「北極星」や地上発射型の「北極星2」も実用化に必要な大気圏再突入技術を獲得していると認定した。米国、英国、フランス、ロシア、中国の5カ国が1960年代までには同様の技術力を獲得したことや北朝鮮が既に6回もの核実験を行ったことを踏まえた分析だとしている。韓国国防白書も「計6回の核実験を考慮すれば核兵器小型化能力も相当な水準に達していると評価される」(2020年)と評価している。

日本政府が北朝鮮の核攻撃能力を認定したのは、防衛力整備を巡る政治的な思惑もあろうが、現実に日本への軍事的脅威の度合いが質的に変わったことの反映でもある。日本が朝鮮戦争(1950～53年)で米軍に兵站を提供し、特需で沸いた当時、北朝鮮は日本への攻撃能力を持たなかった。防衛省防衛研究所の高橋杉雄は「朝鮮戦争以来の地政戦略的な図式は根本的に変化しており、日本はもはや安全なステージングエリア(展開支援拠点)ではなくなっている」

と指摘する。[113]

†前線部隊に戦術核配備？

朝鮮労働党は2022年6月21～23日、中央軍事委員会第8期第3次拡大会議を開催、委員長である金正恩が指導した。「8期第3次」は21年1月の第8回党大会後、3回目の開催を意味するが、3日間にわたる開催は異例だった。国営メディアが伝えた会議の内容でとくに注目すべきは、朝鮮人民軍の前線部隊の作戦任務に「重要軍事行動計画」を追加し、作戦計画を修正したとしている点だ。「戦争抑止力」強化のため軍事組織編成の改編も決めたとしている。

韓国メディアは前線部隊に韓国攻撃用の戦術核を載せた短距離弾道ミサイルを配備することを決定したとの見方を伝えた。核・弾道ミサイルの運用は戦略軍が担ってきたが、戦術核の運用に前線部隊を組み込むとの分析だ。2日目の会議を伝えた労働新聞は、金正恩が前線部隊の作戦能力向上に向けた党中央の「戦略的見解と決心」を披瀝したとし、朝鮮半島東海岸の南北境界付近とみられる地図を前に金正恩が議論をする場面の写真を掲載した。写真は細部が見えないよう加工され報じられたが、尹錫悦（ユンソンニョル）政権に対するあからさまな威嚇だ。

一方で、金正恩が2021年の党大会で「開発」段階だとしていた戦術核を既に実戦配備したというのは疑問もある。核の指揮・統制・通信（NC3）体制構築がどこまで進んでいるのか、その実態はまったく謎に包まれているが、前線部隊への戦術核配備はリスクが大きい。多数の戦術核を保有しているロシアも平時において戦術核は前線ではなく、保管施設で厳重に管理しているとされる。ウクライナ侵攻後、プーチンが核の威嚇を繰り返す一方で、米国がロシアの核戦力に特異な変化はないとの分析を示しているのは、保管施設から戦術核を持ち出す動きがないことを意味している。

ただ、北朝鮮が戦術核の運用に向けた体制整備を図っていることは、中央軍事委拡大会議の報道内容からもうかがえる。党規約上の規範に沿って各級軍事委員会の機能と役割を強化するための重大事項を討議、決定したとし、軍に対する「党の指導を全面的に一層強化」し、党の国防政策の徹底実行のための「組織政治的対策」を決定した。戦術核を運用することになれば、これまで以上に軍の規律、徹底した監視の仕組みが必要になる。総参謀部から前線部隊まであらゆるレベルで政治将校による統率強化を進めているとみられる。仮に戦術核がミサイル部隊に配備される場合も現場の指揮官ではなく、政治将校が核弾頭を管理するとみられる。

ＩＣＢＭにより米国に対する最低限の報復能力を得たことで、戦術核を使う余地が生じたとの見方もできるし、逆にＩＣＢＭに自信を持てないがゆえに戦術核に転じたとの分析もある。北朝鮮はＩＣＢＭの核弾頭再突入技術を完全には習得できていないとみられている。核戦力として機能するには、大まかに、①標的に届くだけのミサイルの射程、②弾頭に収まるコンパクトな核爆弾の開発、③大気圏に再突入する際の高温から核弾頭を守る技術の三つがそろう必要がある。

米韓両海軍は2022年9月26〜29日、日本海で約5年ぶりとなる大規模合同演習を実施、横須賀基地に配備されている原子力空母ロナルド・レーガンも参加した。30日には日米韓3カ国による対潜水艦戦闘訓練も行われた。

韓国の尹錫悦保守政権発足で急速に距離を縮める日米韓に対抗するように北朝鮮は9月25日〜10月9日にかけて7回にわたりミサイルを発射。国営メディアは朝鮮労働党創建記念日の10月10日、金正恩が指導した「戦術核運用部隊の軍事訓練」だったとしてその内容をまとめて報じた。米国との軍事的緊張が高まる準戦時下にあると印象付けることで経済悪化への国民の不満をそらす政治宣伝の狙いも指摘されたが、米韓に対する軍事的メッセージを読み取ることも可能だ。順にみることにしたい。

9月25日、北西部の「貯水池水中発射場」から戦術核弾頭搭載を模擬した弾道ミサイルを発射。潜水艦発射弾道ミサイル（ＳＬＢＭ）を転用したとみられる。貯水池水中発射場の建設方式についても確証を得たとし、ほかの貯水池からも今後発射する可能性がある。朝鮮中央通信の英文記事では「貯水池のサイロ」と表現している。

ジュネーブ諸条約の第1追加議定書は第56条で「危険な力を内蔵する工作物」として原子力

発電所と共にダムや堤防を戦時下の保護対象と定めている。北朝鮮がこれに着眼し、攻撃を受けにくいと考えているとの分析も一部ある。しかし追加議定書は、ダムが軍事行動に対して「常時の、重要なかつ直接の支援」を行うため利用されており、それを止めるには攻撃以外に手段がない場合は保護対象としないとも規定。そもそも米国は追加議定書を締約していない。北朝鮮の狙いはむしろ発射のプラットフォームの多様化や、潜水艦増強が容易でない現実を受けたSLBMの有効活用にあると見るべきだろう。

9月28日の弾道ミサイル2発発射については、韓国の「飛行場無力化」を想定、29日と10月1日の発射は「上空爆発と直接精密攻撃」などを想定したものだったとしている。10月4日朝には中距離弾道ミサイルを発射、青森県上空を通過し太平洋へと抜けた。日本上空通過は5年ぶりで全国瞬時警報システム（Jアラート）が鳴動した。推定飛行距離は約4600キロで北朝鮮ミサイルとしては過去最長。北朝鮮国営メディアは言及しなかったが、米軍の要衝グアムへの攻撃能力を示す狙いだったことは明らかだ。IRBM「火星12」とみられている。さらに6日と9日には超大型放射砲などを発射し、「主要軍事施設」や「主要港湾」の攻撃を演習したと説明した。23年2月20日には「口径600ミリの超大型放射砲」（KN-25）を日本海上に2発発射。「戦術核攻撃手段」だとし、1門4発で敵の飛行場の機能を麻痺させることができると強調した。

要は核を通常戦力の延長線上で軍事目標に対して使用するシナリオだ。命中精度が低く、数も少ない初期の核戦力の場合、大都市などに対する報復攻撃能力で相手を抑止する「対価値」的な戦略を採るが、質・量が向上すると先行使用も想定する「対兵力」的な戦略が可能になる。北朝鮮の核戦力の実体はともかくレトリックは「対価値」に加え「対兵力」を強調するようになっている。

✝戦術核の大量生産

金正恩は2022年9月の核使用に関する新法令制定に際し、「戦術核の運用空間を不断に拡張し、適用手段の多様化をより高い段階で実現する」ことが最重要課題だとし、実戦配備を進める考えを表明した。22年12月末の党中央委員会拡大総会では23年の「核武力及び国防発展の変革的戦略」を提示。「われわれの核武力は戦争抑止と平和安定を守ることを第一の任務とするが、抑止に失敗した場合の第二の使命は防御ではない別のものになる」と改めて強調した。尹錫悦保守政権下の韓国について「明白な敵」となったとし、戦術核の大量生産が必要であり「核弾頭保有量を幾何級数的に増やすこと」を戦略の重点方針にするとした。

12月31日には平壌で「600ミリ超大型放射砲」30門の贈呈式が行われ、金正恩は「南朝鮮全域を射程圏に収め、戦術核も搭載可能だ」と語った。日米が短距離弾道ミサイルと分類する

「KN-25」のことである。「放射砲」は多連装ロケットシステム（MLRS）を指す。6連装の発射機を載せた無限軌道式車両で運用される。
一方で、戦術核の大量生産をことさらに宣伝するのは、北朝鮮の核管理体制への不安を逆手に取ろうとしている可能性もある。金正恩体制の動揺は核管理体制の動揺に直結し、核兵器や核物質の散逸や流出、あるいは意図せぬ使用のリスクが高まる。米国は「ルース・ニュークス（loose nukes）」がテロ組織などの手に渡ることを強く警戒しているから、大量の戦術核が管理不能な状況に陥るぐらいなら金正恩体制の安定、維持を選択するかもしれないとの計算だ。

†飽和攻撃

日本のミサイル防衛は、日本海に展開するイージス艦の海上配備型迎撃ミサイル（SM3）で迎撃、失敗した場合はPAC3で撃ち落とす二段構えだ。現在のミサイル防衛体制をフル活用しても北朝鮮の攻撃に対処するのは困難だとの見方が強い。SM3を搭載したイージス艦1隻が同時に対処できる数には限界がある。米軍事専門家ジョゼフ・バーミューデスは、北朝鮮はその気になれば様々な種類の弾道ミサイル30発超を同時に発射することも可能だと指摘する。防衛省は22年10月、迎撃ミサイルの保有数について「所要量の6割程度しか確保できていない」と明らかにした。

北朝鮮は２０２２年6月5日午前9時8分から同43分の約35分間で計8発の弾道ミサイルを発射した。韓国軍の発表によると、平壌の順安（スナン）、北西部東倉里（トンチャンリ）、東部咸興（ハムフン）、内陸部价川（ケチヨン）の計4カ所から発射、飛行距離は約１１０～６７０キロ、最高高度は約25～90キロだった。高度などから固体燃料の新型短距離弾道ミサイル「ＫＮ-23」など複数の弾種とみられている。防衛省は飽和攻撃に必要な連続発射能力の向上を狙った可能性があると分析した。

米韓両軍は6月2～4日、沖縄南東沖で原子力空母ロナルド・レーガンも参加して合同軍事演習を実施。米空母を交えた米韓演習は約4年7カ月ぶりで、これに対抗した連続発射訓練だった。北朝鮮は２００６年や２００９年に1日で計7発の弾道ミサイルを発射したことがあったが、これを上回って最多を更新。しかも約35分の短時間で、各地のミサイル部隊を緻密に連動させ、運用能力を格段に向上させていることを示した。

†電磁パルス攻撃

北朝鮮は２０２２年11月3日、平壌順安（スナン）からＩＣＢＭを発射し、日本海に落下させた。日本政府が日本列島上空を越えて太平洋へ通過したとみられるとの誤ったＪアラートを発令したいわくつきの発射だ。ロフテッド軌道による発射で最高高度約２０００キロ、飛行距離は７５０キロだった。ＩＣＢＭのロフテッド発射にしては高度が低く、韓国軍は北朝鮮が新型ＩＣＢＭ

「火星17」を発射し、段分離はうまくいったものの、推力が足りなかったと分析した。これに対し、北朝鮮は「敵の作戦指揮体系を麻痺させる特殊機能弾頭」の動作検証のための実験だったと主張。専門家からは電磁パルス（ＥＭＰ）攻撃を想定した訓練だったとの分析が出た。ＥＭＰ攻撃は大気圏内の高高度で核爆発を起こして地上の電子機器を破壊する攻撃を指す。

北朝鮮は6回目の核実験（２０１7年9月3日）に使った「ＩＣＢＭ用水爆」について「打撃対象に合わせて数十キロトンから数百キロトンに至るまで任意に威力を調整できる」とした上で「戦略的目的に従って高空で爆発させて広大な地域に超強力ＥＭＰ攻撃まで加えることのできる多機能化された熱核弾頭だ」（3日付労働新聞）と主張した。大気圏内で爆発に伴うＥＭＰで瞬時に電力や通信インフラ機能を破壊するシナリオで、大気圏外での核爆発でもＥＭＰは発生する。ＥＭＰへの言及はＩＣＢＭの大気圏再突入能力に対する懐疑論を念頭に核使用に現実味を持たせるブラフとも、持てる技術の範囲内で実行可能な核攻撃の方法を追求しているともとれる。

北朝鮮がＥＭＰ攻撃の可能性に言及する約3カ月前、ウォールストリート・ジャーナルに掲載された寄稿が注目を集めた。レーガン政権やブッシュ（父）政権でＳＤＩ（戦略防衛構想）に携わったヘンリー・クーパーは北朝鮮のＥＭＰ攻撃の可能性に警鐘を鳴らした。ソウル上空40マイル（約65キロメートル、高高度に属する）の大気圏内でＥＭＰ攻撃を仕掛ければ在韓米軍は大混乱に陥り、北朝鮮の侵攻に適切に対応できない可能性を指摘。複数のロシア軍将校が2004年、米議会が設置したEMP調査委員会に対して、「スーパーEMP核兵器」の設計図が北朝鮮の手に渡ったと証言、北朝鮮がそのスーパーEMP能力を獲得するまで数年しか残されていないと語ったという。途中で空中爆発したとみられていたミサイルはEMPを高高度で起こすための演習だったとの見方もある[114]。

元陸上自衛隊幹部らがまとめた核に関する共著では、日本上空135キロで核爆発が起きた場合、北海道から九州までの社会インフラを支える電気・電子機器システムは瞬時に機能しなくなると想定している[115]。ただ、高高度EMPはPTBT発効以前に米ソ2カ国のみが実施した高高度核実験でそれぞれ1回の実証事例報告があるのみで、その効果を検証するのは困難だ。EMPの脅威が誇張されているとの見方も多い。

22年11月3日の発射からちょうど2週間後の18日に再び「火星17」を発射。通常軌道なら全米に届く射程を誇示。11月3日が失敗だったのかEMPのシミュレーションだったのかは定かではない。

†発射台付き車両量産命令

2023年2月8日、平壌の金日成広場で行われた朝鮮人民軍創建75周年の軍事パレード。

金正恩が娘を連れて閲兵し、最後には開発中の新型固体燃料ＩＣＢＭとみられるキャニスター搭載の発射台付き車両（ＴＥＬ：Transporter-Erector-Launcher）が現れた。娘と新型ＩＣＢＭが関心を集めたが、米当局はＩＣＢＭ用ＴＥＬの数が大幅に増えたことを警戒しているだろう。防衛省の北朝鮮メディア分析では火星17のＴＥＬ（11軸22輪）は少なくとも11両、新型ＩＣＢＭのＴＥＬ（9軸18輪）は5両の計16両が確認された。前年22年4月の軍事パレード（火星17用ＴＥＬ4両、火星15用の9軸18輪ＴＥＬ4両の計8両）から倍増。ＩＣＢＭの量産能力を誇示したと受け止められている。

金正恩は２０１８年1月の新年の辞で、「核弾頭と弾道ミサイルを大量生産し、実戦配備する事業に拍車を掛ける」と表明した。この命令が実行に移されたことを示唆する情報がある。弾道ミサイルを機動的に陸上で運用するための発射台付き車両（ＴＥＬ）の量産命令だ。固定式発射台からの発射は兆候を察知されやすく、破壊されやすい。ＴＥＬは探知を避けながら機動的に弾道ミサイルを運用するため旧ソ連などで開発された。ミサイル戦力の脅威を分析する上でＴＥＬの保有台数はミサイルそのものの保有数に勝るとも劣らない重要な指標となる。

北朝鮮関係筋によると、軍需工業部門にＴＥＬの量産命令が下されたのは、新年の辞の翌2月ごろ。ＴＥＬは主に平壌北方の平城市にある「3月16日工場」で組み立てられており、70台分の部品を中国などで調達する費用として、党軍需工業部傘下の貿易会社に数千万ドル（数十億円）が充当されたという。

国営メディアによると、金正恩は前年２０１７年11月29日にＩＣＢＭ「火星15」を初めて発射した際、「軍需工業部門において発射台の車体とエンジン、大型タイヤと巻き上げアーム、発射卓、油圧装置、電気制御装置、動力装置をはじめとするすべての要素を１００％国産化、主体化する突破口を開いたことにより、思い通りに台車を次々と生産できるようになった」ことに満足の意を表した。北朝鮮メディアは22年11月、ＩＣＢＭ「火星17」の発射成功を受け、「発射台車第３２１号」に「英雄」称号が授与されたと報じた。人以外への称号授与は異例で、ＴＥＬをきわめて重視していることを物語る。

ただ、同筋によると、少なくとも当時、北朝鮮はエンジンや油圧系統の部品は中国などからの輸入に依存していたといい、金正恩が言うようにＩＣＢＭ用のＴＥＬを「１００％」国産化できているとは考えにくい。多くの車輪を連動させるのは高度な製造技術が必要だ。北朝鮮が２０１２年の軍事パレードで初めてＩＣＢＭ（ＫＮ08）を登場させた際のＴＥＬ（８軸16輪）は中国企業が製造した大型車両を転用したものだったことが判明している。米財務省によると、「武漢三江輸出入公司」が木材移送車両６台を輸出、北朝鮮がＴＥＬに改造した。ＩＣＢＭ用ＴＥＬはいずれも輸入した６台がベースになっているとみられていたが、23年のパレードでの数は説明がつかない。

北朝鮮は17年11月の火星15発射まではTELから直接発射せずに、ミサイルを地上に設置した後、TELを離していた。貴重な車両へのダメージを嫌ったとみられている。当時、ロシアやベラルーシで軍需物資の調達に携わっていた脱北者によると、TELの大型タイヤも実際には国産化できておらず、海外調達の重要品目だった。TELからの直接発射を避けていた理由の一つは「タイヤがミサイルの炎で溶けてしまう」(同脱北者)ことだった。

国営メディアが22年3月に公開した「火星17」の発射実験の映像ではTELから直接発射した。TELからのICBM直接発射が確認されたのは初めてだ。韓国国防白書(23年2月発刊)によると、TELは100台余りを保有。国際軍事情報企業IHSジェーンズは北朝鮮が弾道ミサイルを700~1000発保有し、うち45%がノドン級と推定している。約300~450発がノドン級との計算になるが、米国防総省が2018年に発表した報告書によると、TELの保有台数はノドン用でも最大50台。ICBM用は10台に満たないとみられてきた。

23年2月18日には火星15を発射、北朝鮮メディアは翌日、新設組織とみられる「ミサイル総局」傘下のICBM運用部隊が「抜き打ちの発射訓練」を行ったと報じ、ICBMが実験・開発段階から配備段階に入ったことを宣伝した。韓国の専門家らから懐疑的な分析が出ると、金与正は20日に談話を発表し、ひとつひとつ反論した。液体燃料の注入に時間がかかるとの指摘に対しては、燃料を密封保管しミサイルに装塡する「アンプル化」の技術を確立したと主張。

再突入技術を含め「満足する技術と能力を保有した」と主張した。

†鉄道、地下サイロ

北朝鮮はタイヤ式TELの製造能力の制約を受け、代替手段の導入も図っている。2021年9月、鉄道車両から固体燃料のKN-23系列の弾道ミサイルを発射。1月の党大会で「鉄道機動ミサイル連隊」創設を決定していたことを明らかにした。北朝鮮国営メディアは山岳地帯で鉄道のコンテナーの上部が開いてミサイルが直立、発射する映像を公開した。北朝鮮は国土の約8割を山地が占める。金日成の四大軍事路線の一つ「全国土要塞化」でトンネルが張り巡らされ、イランやミャンマーなど海外にも地下施設建設のための掘削技術者を派遣してきた実績を持つ。自衛隊幹部は「トンネルの出口をすべて監視するのは困難だ。ミサイルを積んでいない空の貨物車と混ぜて運用されるとやっかいだ」と語る。

戦車のような無限軌道式のTELも導入している。舗装されていない場所からの発射を可能にするとの分析もある。改良型スカッドやSLBMを地上発射型に改良した「北極星2」がその代表例だ。SLBMは発射管を備えた潜水艦があって初めて運用できるが、第1章でみたように、発射管を備えた潜水艦は実験に使われてきた1隻しか確認されていない。そこで潜水艦の体制が整うまでの「つなぎ」として地上発射型に転用したとの見方もある。新型開発を進める一方で、既にあるものを組み合わせて実用化を図る。創意工夫は執念に近いものである。

地下サイロからの発射も示唆している。北朝鮮メディアは2022年11月27日、国防科学院のミサイル部門の科学者らが金正恩への忠誠を誓った手紙の内容を報じた（11月18日の「火星17」発射から3日後の21日付）。金正恩が「火星17」の外形やエンジン選定、TELに加え「地下発射場準備問題」についても教示したと伝えた。ラヂオプレスによると、北朝鮮の公式メディアが「地下発射場」準備に言及したのは初めてだ。北朝鮮はTELなどで機動性を高めることでミサイルの残存能力向上を図ってきたが、先に見たようにICBM用を大量に調達するのは難しい。ミサイルを立てた状態で地中に格納するサイロでの運用を計画している可能性がある。2021年、米シンクタンクの衛星画像分析により中国は内陸部の砂漠地帯で新たに100を超えるサイロ建設を進めていることが世に知られることになった。一部はおとりとして使われることが想定される。北朝鮮の「地下発射場」計画の宣言はこうした動きを意識した可能性がある。

†ハイブリッド戦

2022年12月26日、韓国の防空体制を揺るがす事態が起きた。北朝鮮の無人機5機が南北軍事境界線を越えて領空侵犯、ソウル中心部まで侵入したのだ。韓国軍は戦闘機や攻撃ヘリまで出撃させて追跡したが、翼幅2メートル以下で低高度を飛ぶ小型機の捕捉は困難を極め、1機も撃墜できなかった上、無人機が大統領府至近まで飛来していたことも事後分析で判明した。こうした小型機は大きな爆弾を積むことはできないとは言え、心理的には大きな脅威となる。

北朝鮮の無人機が最初に公開されたのは、12年4月の軍事パレードだ。金正恩が21年党大会で言及した「500キロ先まで精密偵察できる無人偵察機」の開発は初期段階とみられているものの、韓国国家情報院は23年1月、国会情報委員会に対して、北朝鮮が1〜6メートルの小型機を中心に約20種、約500機を保有、自爆攻撃用の中大型機もあるとの分析を明らかにした。[116] ウクライナ戦争ではウクライナがトルコ製攻撃型無人機や安価な小型市販機を前線に投入、ロシアは自国製に加えイラン製の自爆型無人機を攻撃に使っている。

ロシアのウクライナ侵攻は2022年2月24日に始まったが、これは正確には地上侵攻のことである。米マイクロソフト社の分析によると、最初の攻撃はサイバー空間で23日に始まった。[117] ロシア軍参謀本部情報総局（GRU）傘下のグループが19のウクライナ政府機関やインフラに対しデータを破壊するマルウエア攻撃を一斉に仕掛けたという。サイバー活動に力を入れてきた北朝鮮も当然考えているだろう。仮に北朝鮮が軍事行動に踏み切るとすれば、弾道ミサイルや火砲だけでなく、無人機やサイバー攻撃を組み合わせたハイブリッド戦を展開することが予想される。

4. 核のボタンはだれが押す

†キューバ危機の教訓

「核のボタンが私の事務室の机上に常に置かれている」。金正恩が2018年1月1日の「新年の辞」でこう強調すると、トランプ米大統領は2日夜、「私の核のボタンの方がずっと大きく強力で、しかもちゃんと作動する!」とツイッターに投稿した。米大統領には核攻撃を命じるための機器が入っているとされる革のかばん「フットボール」を持った海兵隊員が常に同行。これに対し北朝鮮がどのように核を管理しているかはまったく情報がない。

北朝鮮が核開発の進展に従い、それを作戦計画に反映しつつあるとみられることは既に指摘した。北朝鮮国営メディア報道からは前線配備が迫っているような印象を受けるが、戦術核開発が完了したとしても、管理体制の構築はまた別の話だ。核弾頭が、すべてではなくてもいつでも発射可能な状態でミサイルに搭載されているのか、それとも別々に保管され、金正恩の命令があって初めて組み立てられるのか。誤って起爆した際にフルパワーでの核爆発が起きないように設計されているか——。核の運用実態はまったく不透明だ。金正恩が核のコントロールを失うことは国際社会が最も恐れる点の一つであり、金正恩自身にとっても同じであろう。とりわけ潜水艦による運用は困難だ。後述するようにキューバ危機ではモスクワとの通信が取れなくなった潜水艦内で核魚雷使用の議論が行われていた。米国は必要となれば北朝鮮の核兵器の貯蔵場所を攻撃するために常日頃、追跡しているはずだ。これに対して北朝鮮は核戦力の迅速な運用と残存性を高めるために分散を図るだろう。その分、管理は難しくなる。

2013年の旧法令は、核使用の命令を下せるのは軍最高司令官、すなわち金正恩一人と明確に定めている。新法令では国務委員長の唯一の指揮に服従すると定める一方で、指揮統制機能が危機に瀕したら自助的に核で反撃する、としている。また、独裁者といえども核の使用を判断する場合は一定程度の組織的、制度的なプロセスを経るはずだ。金正恩にどこまでの裁量があるのか、金正恩が死亡したり所在不明となったりした場合、指揮系統はどうなるのかも注意深く分析を続ける必要があるだろう。

核戦力の指揮統制機構メンバーの構成は明らかになっていないが、見逃せないのは妹、金与正の台頭だ。北朝鮮国営メディアは2022年8月、金与正の肉声による演説を放映した。その時々の浮沈はありながらも着実に体制内での存在感を増している。「第二の使命」をはじめ、核ドクトリンについて頻繁に語っている点も留意すべきだろう。21年の党大会の規約改正では「第1書記」ポストが新設された。金正恩の身に何かあった場合に備えたものだとの見方もあるが、これまでのところ特定の人物が指名されたとの情報はない。

核の指揮・統制・通信（ＮＣ３）のハード面ではどうか。米シンクタンク、ノーチラス研究所のピーター・ヘイズは北朝鮮が他の通信や兵器システムから切り離し、核戦力に特化した比較的シンプルなＣ３システムを構築しているとみる。[118] 金正恩ただひとりが核戦力をコントロールできるようにすると同時に、他の通信や兵器システムとの兼用により指示伝達などの面で混乱が生じることを防ぐためだ。人民軍は総参謀部や軍団レベルの指令系統ではコンピュータ化されたＣ３システムを導入する一方、通常兵器を扱う下位の部隊では電話や無線、伝令により通信し、前線部隊には光ファイバーが引かれているとされるが、ヘイズは核戦力の運用においては米韓による通信傍受を避けるため地上の通信網はできるだけ使わず専用線を使用すると分析している。

核を即座に使えるようにしておくことと、金正恩の指示以外では使用できないようにしておくこと、この二つを同時に満たすＮＣ３の構築がきわめて困難であることは想像に難くない。北朝鮮はＳＬＢＭ開発に力を入れているが、潜水艦での核運用となれば地上発射型にも増してハードルは高い。ただ、北朝鮮がＮＣ３の構築に当たって、他の核保有国並みに厳格な条件を課すとは限らない。通常戦力の面で米韓に対する劣勢を挽回しようがない状況において、ＮＣ３が万全とは言えない段階でも戦術核の戦力化を図る可能性は排除できない。

米ランド研究所に長く務めたポール・デーヴィスとブルース・ベネットは朝鮮半島における核の先制使用の可能性を考察した報告書で、①平時における技術的な誤りや意思疎通の行き違い、②紛争時に予想外のエスカレーションが起きて制御不能の状況に陥る、③意図的な使用—の三つのシナリオを挙げている。[119] とりわけ軍事的緊張が高まる過程で、司令部との連絡が途絶した現場の指揮官や部隊が想定外の行動を取る可能性がある。

1962年のキューバ危機ではまさに水面下で核使用の一歩手前まで近づいていたことが関係者の証言から明らかになっている。米海軍はキューバ周辺の海上封鎖作戦の一環としてカリブ海に潜んでいたソ連の潜水艦を強制的に浮上させるため、爆雷を落としながら追い詰めていった。冷戦当時、ソ連指導部はKGBを通じて核兵器の運用を厳格に管理しているとの見方が一般的だったが、実際には現場の司令官に核使用の権限を事前に委任していた。しかし米側はこうしたことを十分に想定していなかったとみられ、米海軍は潜水艦を浮上させるために爆雷を投下。潜水艦の1隻はモスクワとの通信が途絶、乗組員らは極度の疲労とストレスにさらされた。後に艦長は怒り狂った挙げ句、核魚雷を組み立てて戦闘態勢を取るよう命じ、「今すぐ連中を吹き飛ばすぞ。われわれは死ぬだろうが、やつらも全員沈めてやる」と叫んだ。副官が説得し、潜水艦は浮上したが、ちょっとしたことで別の展開になっていた可能性もある。潜水艦が積んでいた核魚雷は15キロトン、広島に投下された原爆と同程度の破壊力だった。[120] このエピソードも、北朝鮮がＳＬＢＭの運用体制を構築することの困難さとリスクの大きさを物語る。

†米朝核戦争のシナリオ

米モントレー国際問題研究所のジェフリー・ルイスが２０１８年に発表した小説『２０２０年委員会報告書　アメリカ合衆国に対する北朝鮮の核攻撃はなぜ起きたのか』[121]（邦題『２０２０年・米朝核戦争』文春文庫、２０２０年）は、北朝鮮による米国、韓国、日本に対する核攻撃という最悪の事態をリアルに考えた作品である。シナリオをざっと紹介すると以下の通りだ。

米国は金正恩に対する大規模な心理作戦の一環として戦略爆撃機によるきわどい偵察活動を繰り返していた。ある日、国際交流のためモンゴルに向かう中学生らを乗せた釜山発の民間機が機体トラブルにより偶然、爆撃機と似たルートで北朝鮮に近づいてしまう。これを爆撃機と誤認した北朝鮮が撃墜。韓国の文在寅大統領は米国に知らせずに独断で北朝鮮の空軍司令部と金正恩の邸宅の一つにミサイル攻撃を行う。あくまで限定的な報復攻撃として計画したものだった。しかし、民間機撃墜の知らせを聞いたトランプ大統領が「リトル・ロケットマンに悩まされるのもそろそろ終わりだ」と直前にツイートしていたことで、金正恩は大規模攻撃の前触れだと判断。朝鮮半島と周辺の米軍、韓国軍に対する核攻撃を命じた。

南北の軍事衝突が意図せずして拡大するというシナリオには現実味がある。李明博政権下の2010年11月に起きた延坪島砲撃事件では、民間人2人を含む4人が死亡、20人近くが重軽傷を負った。制御不能の状況に陥ることを危惧したオバマ政権が李政権に過剰な報復攻撃に出ないよう圧力をかけたことが明らかになっている。同年3月には北朝鮮の魚雷攻撃で韓国海軍の哨戒艇が沈没する事件が起きており、李明博大統領は「断固たる措置を取る」と強調。軍事的緊張が高まる中で、北朝鮮は11月23日、延坪島を砲撃した。当時、米国防長官だったロバート・ゲーツによると、韓国の当初の報復攻撃計画は火砲だけでなく航空戦力を投入するもので「(北朝鮮の攻撃に対して)不釣り合いなほど攻撃的」だとし再考を促した。この結果、韓国軍は延坪島攻撃を行った北朝鮮の砲兵隊の位置を砲撃するにとどめた。[122]

†核保有国が増えるほど世界は安定?

北朝鮮が核戦力の向上により自国の安全保障と体制維持に自信を深めれば、過去のように挑発的な行動には出なくなるとの分析もある。核兵器の拡散は勢力の均衡による戦略的安定をもたらすとして「核の性善説」を取った国際政治学者ケネス・ウォルツがその代表例だ。核拡散に反対の立場を取るスタンフォード大のスコット・セーガン教授との白熱の論争をまとめた

『核兵器の拡散』（2013年）でウォルツは、北朝鮮の核保有は自国の安全保障に対する極度の懸念に起因しているのであり、核兵器を獲得してから過去に比べて明らかに攻撃的でなくなっていると主張。「北朝鮮の核と共存可能であることは立証されているし、実際のところわれわれは、より好戦的だった以前の北朝鮮よりも好ましいと思うかもしれない」と論じた。[123]

朝鮮戦争、韓国大統領に対する暗殺未遂事件、大韓航空機爆破事件などのテロ、日本人拉致……。たしかに北朝鮮の核保有以前の暴挙は例に事欠かない。しかしウォルツが2010年の「天安艦」沈没や延坪島砲撃事件を「深刻な敵対行為というより、いやがらせの類」とするのは、セーガンの言う通りはなはだしい過小評価だろう。さらにウォルツは核兵器の完成度が低いとみられることも脅威に当たらない理由としたが、北朝鮮はその後、水爆実験を行いICBMも発射、その核戦力は大きく進展している。ウォルツの想定とはむしろ逆に北朝鮮が攻撃的になる可能性を想定しておく必要があろう。

†安定と不安定のパラドックス

北朝鮮が米国との間で互いに核保有国として衝突を回避しようとする核抑止関係が成立したと判断すれば、むしろ通常兵器による局地的な軍事行動や威嚇に出る恐れもある。「スタビリティ／インスタビリティ・パラドックス（安定／不安定・パラドックス）」と呼ばれる現象だ。

ロシアのウクライナ侵攻もスタビリティ／インスタビリティ・パラドックスの一例とみることができる。ロシアは米国との間では戦略核による相互確証破壊（ＭＡＤ）の関係、いわゆる「恐怖の均衡」が成立しているがゆえに米国が介入することはないと判断、ウクライナに攻め入った。実際、バイデンは核保有国である米ロが戦う第三次大戦に発展しかねないとして、ロシアの侵攻開始前から米軍の派兵を否定していた。侵攻後に高機動ロケット砲システム「ハイマース」を供与。さらに、防空用の地対空ミサイル「パトリオット」や主力戦車エーブラムスの供与も決定するなどウクライナ側の要請に応じて巨額の軍事支援を行っているが、ロシア国内への攻撃によるエスカレーションを懸念し、長射程の供与には二の足を踏んでいる。

もちろんウクライナ情勢をそのまま朝鮮半島に当てはめることはできない。第一にウクライナは米国と同盟関係にないが、韓国、日本はいずれも米国と軍事同盟を結んでいる。仮に北朝鮮が韓国や日本に攻撃を仕掛けながら米国が静観すれば世界中で米国の同盟関係の信頼性が失われるのは必至だ。さらにウクライナがロシアに対する報復攻撃能力をほぼ持たないのに対し、韓国には在韓米軍が駐留し、通常戦力では圧倒的優勢にある。だが、米国に対する核による報復攻撃能力を一定程度保有し、韓国に対する戦術核による攻撃能力を持ったと金正恩が信じるならばより強硬路線に傾くことは十分に考えられる。防衛白書も２０１７年版以来、北朝鮮が「米国に対する戦略的抑止力を確保したとの認識を一方的に持つに至る可能性がある。仮に、北朝鮮がそのような抑止力に対する過信・誤認をすれば、北朝鮮による地域における軍事的挑発行為の増加・重大化につながる可能性もある」と懸念を表明している。

マクマスターは「金が抑止力のためだけに核兵器を欲しているという想定は、我々とは似ても似つかないはずの敵対相手の思考様式を、あたかも「我々と同じ」であるかのように受け止める、いわゆるミラー・イメージング（鏡像）の心理的なバイアスに陥っている」と指摘する。防衛目的にとどまらない目的、つまりは武力による赤化統一を目指している可能性があるとの警告だ。2018年3月にワシントンで日本の谷内正太郎国家安全保障局長、韓国の鄭義溶（チョンウイヨン）国家安保室長と会談した際にもこのことを確認したとしている。[124]

†金正恩は合理的か

防衛省高官は金正恩について「とても合理的で、クレバーだ」と語る。2011年12月に金正日の急死を受け最高指導者となった。当時20代の若さから権力基盤の弱さも指摘されたが、12年7月に李英鎬（リヨンホ）軍総参謀長を電撃解任、13年12月には中国とのパイプ役として権勢を振るった叔父の張成沢元国防副委員長を処刑するなど、早い段階で後見役と目されていた実力者を排除し世代交代を進めて独自の支配体制を固めた。金正日の長男として故金日成主席からの「白頭（ペクトウ）の血統」を継ぐ金正恩の異母兄、金正男（キムジョンナム）は17年2月、マレーシアのクアラルンプール国際空港で猛毒の神経剤ＶＸで殺害された。最高指導者の地位を脅かしかねない政敵を取り除く「枝打ち」を目的に北朝鮮工作機関が仕組んだ暗殺とみられている。一方で、専門知識や技術を持ったテクノクラートを多く登用しているとも言われる。

ただ北朝鮮が体制結束を図るため「主敵」と位置付けてきた当の米国にとって政策課題としての北朝鮮の位置付けは必ずしも高いものではなかった。だからこそ北朝鮮は「瀬戸際戦術」と呼ばれる挑発も絡めながら懸命に米国の関心を引き付けようとしてきた。

米情報機関出身で、21年にバイデン政権の北朝鮮担当特別副代表に就いたジョン・パク国務次官補代理は、２０２０年の著書で「合理的で、自滅的ではない」と指摘した。[125] しかし金正恩個人が合理的な考えの持ち主だとしても体制が合理的に動く保証はない。金正恩が合理的判断を下すために不可欠なのは何よりも正確な情報だ。ロシアは２０２２年2月、ウクライナにフルスケールの地上侵攻を始めた。短期決戦で首都キーウ（キエフ）を制圧し、親ロシア政権を立てる計画だったとされる。しかし目論見は外れ、ウクライナの徹底抗戦に遭い泥沼の戦争へと突入した。ロシア軍部隊が装備や練度、士気の面で劣化していたことが要因の一つと挙げられるが、それ以前にソ連国家保安委員会（ＫＧＢ）の流れをくむロシアの情報機関、連邦保安局（ＦＳＢ）が甘い見通しをクレムリンに報告していたことがプーチンの情勢判断を誤らせたとみられている。[126]

金正恩自身はインターネットにも外国メディアにも自由にアクセスし、「日本メディアが北朝鮮をどう報じているかも報告が上がる」（日本政府当局者）との話もある。ただ、国政にかかわる大方の情報は党や政府機関から吸い上げられるものであり、その過程でさまざまな形で取捨選択され、加工され、場合によっては歪曲されうる。これは何も北朝鮮やロシアに限ったことではなく、どこの国でも起きうることだ。核兵器や弾道ミサイルも能力について、開発部門が金正恩に対して過大に報告していたとしてもおかしくない。

†マッドマン・セオリー

軍事ドクトリンはその時々、作戦に使用可能な兵器体系の進展によって影響を受けるし、逆に軍事ドクトリンの変化に従って兵器体系の開発方向も影響を受けよう。北朝鮮国営メディアが伝えるシナリオは心理戦、プロパガンダの一環であり、実際の作戦計画とは必ずしも一致しないであろうことも留意すべきだろう。対外的な宣言政策と真の意図、実際の能力の三つを冷静に見極める必要がある。

金正恩にとって核・ミサイル戦力は体制存続のための防御手段だと一般には考えられている。それが先制攻撃であろうと報復攻撃であろうと、核を使うことは自殺行為であり、合理的な判断とは言えない。しかし核は「本当に使うかもしれない」と相手に思わせてこそ、攻撃を思いとどまらせる抑止力を発揮する。同時に、威嚇が度を過ぎれば逆に敵の先制攻撃を招く恐れがある。核抑止の世界は正気と狂気が入り交じった心理戦だ。

第37代米大統領リチャード・ニクソンは泥沼化したベトナム戦争の終結を狙い、ソ連と北ベトナムに核の脅し、彼が言うところの「狂人理論（マッドマン・セオリー）」を実践した。予測不能、血迷って核を使いかねないと思わせることが敵の抑止につながるとの発想だ。ニクソンが副大統領として仕えたアイゼンハワーが朝鮮戦争休戦を中国に働きかける際、核兵器使用の可能性をちらつかせたことを教訓にしたとされる。[127] ニクソンは当初、北ベトナムへの戦術核使用を検討した上で実行が困難と結論を下した上で、核の恫喝を使ったとされる。

ウクライナ侵攻後、核の恫喝を繰り返すプーチンが狂人理論に則っているだけなのか、それとも「エスカレーション抑止」戦略に基づく核使用を現実的オプションととらえているのかは本書執筆時点では判断できない。北朝鮮はロシアをはじめとする他国の核戦略の最新動向や過去の事例を注意深く研究し、参考にし、援用可能な要素があれば取り入れているはずだ。北朝鮮が核の先制使用を現実的なオプションと考え始めているとするなら、核ドクトリンに戦術核の使用を組み込んでいるとされるロシアや、そのロシアに対抗して低出力核兵器を配備した米国をはじめ、核への依存を深める核大国にも責任の一端があると言わざるを得ない。北朝鮮はロシアをはじめとして各国から核・ミサイル技術や物資を調達してきたように、その核ドクトリンも決してガラパゴス的に形成されたのではなく、相互作用の中で構築されている。

†戦術核などない

抑止が成立するには一般に三つの条件が必要だと言われる。第一に敵にとって受け入れがたい損害を与える報復能力があること、第二に実際にその報復能力を使う意志があること、そして第三に敵がこちらの報復能力と意志を理解していることだ。抑止において最も重要なのは「敵がどう考えるか」だとよく言われる。

トランプ政権による2018年の核態勢見直し（NPR）は「米国やわれわれの同盟国、友好国に対する北朝鮮によるいかなる核攻撃も容認せず、体制は滅亡するだろう。金体制が核兵器を使いながら生き残るようなシナリオは存在しない」と明記した。[128] ジェームズ・マティス国防長官は、同年2月の下院軍事委員会公聴会で「『戦術核兵器』などというものが存在するとは私は思わない。いつ、いかなる核兵器が使われようとそれは戦略的なゲームチェンジャーだ」と述べ、低出力核であろうと報復はまぬかれないとの考えを強調した。[129] NPR2018はロシアのエスカレーション抑止戦略を封じるためだとしてSLBM搭載用の低出力核弾頭と、核搭載の海洋発射型巡航ミサイル（SLCM-N）の導入を盛り込んだ。米国が高出力の戦略核しか持たなければ、低出力核への対抗手段としては釣り合わず、全面核戦争につながるリスクもあるので報復できない――。こうしたロシアの「誤った認識」を正すのが目的だとした。「目には目を、歯には歯を」の発想は米国の核使用の敷居を下げかねないとの懸念を呼んだが、マティスは公聴会で、むしろ抑止効果は高まり、核使用のハードルは高まると強調した。国防総省は2年後の20年2月、低出力の小型核爆弾「W72-2」をSLBM「トライデント」に搭載し、実戦配備したと発表した。

バイデン政権は22年のNPRで、SLCM-Nの計画中止を打ち出したが、議会は関連予算を復活させた。

第５章
軍拡の時代

中朝が経済特区を建設するはずだった鴨緑江の中州「黄金坪」を警備する北朝鮮兵士
(中国・丹東から筆者撮影、共同、2021年3月22日)

1．新冷戦と熱戦

†「急変する国際力量関係」

北朝鮮は建国当初より列強の間で巧みな位置取りをしながら体制を維持してきた。核をどう使うのか、その核ドクトリンも地政学的要件に大きく左右される。冷戦終結後の米国の一極体制が終わり、米中の「大国間競争」時代が到来した。中国の影響力が米国を凌駕していくのか、米国の封じ込め戦略が機能するのか。金正恩はウクライナ戦争の影響も含め、その趨勢を見極めようとしているようだ。

「米国の一方的で不公正な色分け式の対外政策により国際関係の構図は『新冷戦』の構図へと変化しながら一層複雑になっている」。金正恩は2021年9月、最高人民会議での施政演説で「急変する国際力量関係」を厳密に分析し、対米戦略を進める必要性を強調した。金正恩が対外的に「新冷戦」との言葉を使ったのはこれが初めてだ。米中対立を指しているのは間違いない。22年12月末の党中央委員会拡大総会では「国際関係の構図は「新冷戦」体系へ明確に転換し、多極化の流れが一層加速している」と語り、米国が日韓と共に「アジア版NATO」とも言える軍事ブロックを形成しようとしていると警戒感を示した。

トランプ米政権との交渉決裂後、北朝鮮は一転、中国、ロシアとの連携強化に舵を切り、中ロもこれに呼応した。米韓合同軍事演習の中止などを求める北朝鮮の「合理的な懸念」に米国は応じるべきだとの主張を強め、国連安全保障理事会では米国が受け入れるはずもない制裁緩和決議案をあえて提出した。

22年2月24日にロシアがウクライナに侵攻すると分断はさらに深まり、安保理は機能不全に陥った。北朝鮮はこの機を逃さず27日、大陸間弾道ミサイル(ICBM)を使った発射実験を再開。安保理は5月、米国が提出した制裁強化決議案を採決したが、中ロはそろって拒否権を行使した。安保理で06年に北朝鮮の核・ミサイル開発阻止を目的とする最初の制裁決議が採択されて以来、制裁決議案が否決されたのは初めてのことだ。制裁強化を心配する必要がなくなった北朝鮮は22年、核実験こそ控えたものの過去最多の37回にわたりミサイルを発射した。

†「核ドミノ」を警戒する中国

北朝鮮の命綱を握る中国の立場を見ておこう。中国にとって最も重要なのは「朝鮮半島の平和と安定」であり、その上で対話を通じた「朝鮮半島の非核化」を目指すというのが大原則だ。それを実現する方法論としては「双暫停」(北朝鮮の核・ミサイル実験と米韓合同軍事演習の同時停止）と「双軌並進」（朝鮮半島の非核化と平和体制の構築の同時進行）を唱えてきた。

ここでいう「朝鮮半島の非核化」はもちろん北朝鮮の一方的な核放棄を意味するのではなく韓国も対象に含む。特に中国が警戒するのは北朝鮮の核保有に対抗して韓国、日本が連鎖的に核武装する「核ドミノ」だ。１９６０年代に金日成が核兵器開発支援を求めたのを中国側が拒否したことは第1章で述べた通りである。おそらくこの点は一貫している。中国としては米国との緩衝地帯として北朝鮮の体制維持が望ましいが、かといって北朝鮮の核開発を理由に日米韓が結束し、米軍の展開能力を強化したり、ミサイル防衛網を拡充したりするのは避けたい。米軍が高高度防衛ミサイル（ＴＨＡＡＤ）を韓国に配備したことに激しく反発したのも、ＴＨＡＡＤの高性能レーダーが使い方によっては中国内陸部まで監視できると警戒してのことだ。「北朝鮮の核は韓国、日本を核武装に追い込みかねないという点において中国の安全保障上の脅威だが、米国にとっては東アジアに駐留し続ける絶好の名分になる。だから核問題は解決しない」。中国共産党で長く対米外交に携わった関係者は２０２1年夏、筆者に対しこう言い切った。バイデン政権発足から半年がたち、中国に対する強硬姿勢が鮮明になっていたころだ。陰謀論にも近い対米認識が中国外交当局者の間に浸透していることがうかがえる。

†中朝は「同盟ではない」

金正恩は２０１８年6月の初の米朝首脳会談の前後に訪中して習近平と会談して関係修復を図り、習近平は翌年2月の米朝再会談決裂後の6月に訪朝した。習近平は13年の国家主席就任以降、訪朝したことがなく、中国主席の訪朝は05年の胡錦濤以来、実に14年ぶりだった。金正恩体制下で悪化した中朝関係が正常化に向けて動き出し、北朝鮮は新型コロナウイルス対応や台湾、香港、新疆ウイグル自治区などを巡る問題で中国を「完全支持」（李龍男駐中国大使）し、国際社会での共闘姿勢を打ち出した。金正恩は21年1月の朝鮮労働党大会でも「特殊な中朝関係の発展に優先的に注力する」とし、中朝は「引き離そうとしても引き離せない一つの運命」で結びついていると強調。中国共産党創建１００年の記念日を迎えた7月1日に習近平に宛てた祝電では「帝国主義に反対し、社会主義建設で生死苦楽を共にしてきた真の同志であり、戦友だ」と持ち上げ、友好関係を「新たな戦略的高み」へ発展させると記した。

しかし内情は複雑だ。北朝鮮は中国での新型コロナ感染拡大が表面化した20年1月、即座に国境閉鎖に着手。中国の新任大使の入国さえ認めない冷徹な対応を貫いた。陸続きの中朝は、白頭山（中国名・長白山）を水源に黄海へと流れる鴨緑江、日本海へと流れる豆満江（同・図們江）が約１４００キロの国境をなす。北朝鮮は住民らを動員して国境沿いの鉄条網を幾重にも張り巡らし、一部では地雷を埋設した。中国軍関係者は当時「友好国に対して行うことではない」と不快感をあらわにした。国境地帯に許可なく立ち入った者は無条件で射殺する命令が出され、韓国政府当局者によると、実際に中国と国境を接する両江道恵山付近で中国人が射殺される事件も起きた。

こうした相互不信、緊張関係は今に始まった話ではない。中国を代表する冷戦史研究者である沈志華は中国や旧ソ連の公文書を渉猟して著した『最後の「天朝」』（上下巻、岩波書店）で毛沢東、金日成の時代から中朝が時に互いを利用し、時に裏切ってきた「血盟」の実態を明らかにしているが、1976年までの中朝関係を扱った同書には記さなかった秘話がある。「中朝は兄弟だが、同盟ではない」。1991年10月、中国を訪問した金日成との会談で当時の最高実力者、鄧小平はこう言い放った。金日成は「分かった」と答えた。当時の中国共産党の朱良中央対外連絡部長が党の内部文書に記した史実だ。文書は公開されていない。翌1992年、中国は韓国と国交を結び「中朝は特別な関係ではなくなった」（中国軍関係者）。朝鮮戦争（1950～53年）で米韓を相手に共に戦った中朝の結び付きは世代を経るごとに相対化されてきた。

†友好条約第2条

中朝は同盟ではない、と鄧小平は突き放したが、両国間には1961年7月11日に締結した「中朝友好協力相互援助条約」があり、現在も失効していない。この条約は第2条で「どちらか一方が武力攻撃を受け、戦争状態に陥ったときは他方の締約国は直ちに全力を挙げて軍事上その他の援助を与える」と定めており、文言上はれっきとした軍事同盟条項と言える。

韓国では同年5月に朴正熙によるクーデターで反共親米の軍事政権が発足、前年には米国は朝鮮戦争時に兵站基地の役割を果たした日本と安全保障条約を締結していた。一方、北朝鮮と共に朝鮮戦争を戦った中国人民志願軍は1958年に完全撤収しており、南北の軍事的均衡が崩れかねない状況に直面した金日成は再び中ソに軍事的な後ろ盾を求め、1961年7月5日、モスクワでフルシチョフと「ソ朝友好協力相互援助条約」（1996年失効）に調印し、その足で中国に直行し、「中朝友好協力相互援助条約」を結んだ。対立が生じ始めていた中ソのライバル関係をうまく利用した立ち回りだった。

条約は両国が改正や終了に合意しない限り、効力を有する。どちらか一方が破棄したくても、相手が応じなければ破棄できない。中国にとって条約は時に重荷になり、内部では第2条見直しを求める意見が出ては抑え込まれてきた。北朝鮮が中国に逆らって進める核兵器開発のせいで米韓との戦争に巻き込まれかねないとの懸念からだ。2003年には政府系シンクタンク中国社会科学院の研究者が論文を発表し、北朝鮮核問題を巡り米朝間で軍事衝突が起きても中国が派兵により支援するのは困難だとして、軍事同盟の内容を削除すべきだとする論文を発表した。このほかにも、「軍事及びその他の援助」は必ずしも参戦を意味するのではなく、中国東北部への難民受け入れなどでも十分に援助義務を果たしたことになるといった解釈や、第6条が朝鮮半島統一は「平和的で民主主義的な基礎」の上に実現すべきだと定めていることをもって、北朝鮮による武力統一の試みを抑止する効果があるとの議論も交わされてきた。

条約締結60周年を迎えた2021年7月、北朝鮮国務委員会は平壌で宴会を開いた。北朝鮮メディアによると、崔龍海（チェリョンヘ）・最高人民会議常任委員長は中国の李進軍大使に、現在の国際情勢下にあって条約の戦略的重要性は一層際立っているとした上で「政治、経済、軍事などすべての分野」で中朝関係を発展させると述べた。条約締結後、中朝が「頼もしい同盟者」として互いに支援してきたとも語った。しかし近年、中朝間で実際の軍同士の協力は皆無に等しく、米韓両軍のような合同訓練や軍事演習も行っていない。中国はいかなる国とも同盟関係を結ばないとの立場を取っている。崔龍海はあえて「同盟者」との表現で両国の特別な関係を強調した形だが、中国側は抑制的だ。中国外務省の汪文斌（おうぶんひん）副報道局長は同月の記者会見で、条約が「地域と世界の平和と安定の維持に大きく貢献してきた」と評価する一方、第2条の有効性や同盟に関する共同通信の質問には直接答えず、外務省ホームページに掲載した会見記録では当該質問そのものが削除されていた。

中国は北朝鮮との友好関係を誇示しながら、対米カードとしても活用してきた。北朝鮮関係者は「中国が最後までわが国の肩を持つとは限らない」と不信をのぞかせる。北京の外交筋によると、米朝交渉が暗礁に乗り上げた２０１９年、訪朝した外国要人が「自前の核は放棄し、中国の「核の傘」に入ってはどうか。そうすれば経済的繁栄と安全保障を両方追求できる」と探りを入れたのに対し、北朝鮮の外交当局者は猛反発したという。

習近平は22年10月、慣例を破って異例の共産党総書記3期目入りを果たし、体制内での個人崇拝が進む。中朝の政治的言説や統治手法は似通い、親和性を増しているようにも見えるが、中国軍や公安関係者の間では北朝鮮に対して冷ややかな態度を示す者が多い。人民解放軍系列の研究機関幹部は「中国と北朝鮮の体制は決定的に異なる。北朝鮮は王朝国家であって社会主義国家ではない」と断じる。

中国側は以前から有事の際に北朝鮮から避難民が押し寄せる事態を想定した対策を取ってきた。中朝国境には軍が監視カメラを設置。中国治安当局者は論文で国境地帯の監視強化を訴えている。中国軍のある退役将校は「北朝鮮の核がいつか中国に向けられないという保証はない。だから北朝鮮が核を持ったまま米国と関係を改善することは受け入れられない」と語った。

米朝の軍事的緊張が高まった２０１７年9月、中国を代表する国際政治学者である賈慶国(かけいこく)がオーストラリア国立大の学術サイトに寄稿した短い提言が内外に波紋を広げた。[130] 当時、北京大学国際関係学院の院長を務めていた賈は、北朝鮮が中国の「双暫停（二つの同時停止）」案を顧みずに核・ミサイル実験を繰り返し、朝鮮半島における軍事衝突の可能性が増しているとした上で、中国は米韓と有事に備えた計画について協議を始めるべきだと主張し、次の五つの論点を列挙した。

一、有事の際、誰が北朝鮮の核兵器を管理するのか。核拡散を防ぐため米軍が管理することに中国は反対しないかもしれない。北朝鮮の核兵器に技術的な価値はなく、管理には大変なコストがかかる。一方で、中国は米軍が38度線を越えることを問題視し、自ら管理することを望み、米国も受け入れるかもしれない。

一、北朝鮮難民への対処。中国軍は東北部への難民の大量流入を防ぐために中朝国境を越えて進軍、安全地帯をつくり、難民のためのシェルターを設置するかもしれない。

一、危機発生時に誰が北朝鮮国内の秩序回復に当たるのか。韓国軍または国連の平和維持軍か。中国は米軍がその役割を担うことには反対するだろう。

一、危機後の朝鮮半島の政治体制をどうするか。北朝鮮に新たな政権を樹立すべきか、それとも国連の支援下、半島全域で南北統一に向けた住民投票を実施すべきか。

一、米国が韓国に配備した高高度防衛ミサイル（THAAD）の問題。北朝鮮の核開発計画がなくなれば中国は撤去を求め、米韓も受け入れるだろう。

当時、中国は国連安保理でトランプ政権主導の対北朝鮮制裁強化に賛同し、実際に北朝鮮産石炭の禁輸などかなりの制裁措置を実行に移した。米中は北朝鮮の非核化という点では利害が一致しており協力が可能だとの議論が盛んに交わされたが、こうした意見はやがて米中対立の激化と中朝接近に伴いかき消されることになった。ただ、最終的に米国との関係正常化を目指す北朝鮮の外交方針に変わりはないとみられ、北京の外交筋は「今の中朝の密着ぶりは米国を牽制するのに好都合との打算が大きい」と指摘する。

†核実験はレッドラインか

中朝関係のバロメーターの一つが核実験だ。中国が対北朝鮮制裁強化に同調したのは中朝国境からわずか約80キロの豊渓里(プンゲリ)で地下核実験を繰り返されたことが大きい。水爆とみられる2017年9月の6回目の核実験は過去最大の爆発規模(広島原爆の約10倍)で、中国東北部の広い範囲を揺らし、住民らは放射性物質の漏出を心配した。不満の矛先は北朝鮮をコントロールできない中国政府にも向けられ、中国外務省は当日のうちに「断固たる反対と強烈な非難を表明する」との異例の声明を出した。ただでさえ遼寧省、吉林省、黒龍江省の東北3省は経済成長から取り残され、政府は「東北振興」を掲げて産業立て直しに取り組んでいる。習近平もたびたび自ら視察してテコ入れを図っている。北朝鮮と隣接していることが経済発展を阻む主要要因の一つとなっており、核実験に反発するのは当然だろう。

衛星写真の分析によると、6回目の核実験により豊渓里の万塔山(マンタプサン)山頂は50センチ沈下。付近では崩落によるとみられる自然地震がしばしば観測され、「もう核実験には使えない」(日本政府高官)との見方が広がった。しかし2022年に入ると地下核実験用の坑道掘削など核実験場復旧の動きが表面化、米国は5月、北朝鮮が同月中にも7回目の核実験準備を終える可能性があるとの分析を公表した。韓国も北朝鮮が核実験準備の一環として起爆装置の作動試験を繰り返し行っており、核実験準備は最終段階に入っているとの分析を明らかにした。以前は北朝鮮が核爆発装置を坑道内に運び込み、観測機器もスタンバイとなり、いよいよ実験は不可避という段階になって日米韓当局から情報が漏れ出すのがふつうだった。機密情報の公表は異例だが、ロシアによるウクライナ侵攻開始前にロシアのひそかな作戦や軍部隊の動きを矢継ぎ早に公表して国際社会に注意喚起し、ロシアの動きを封じようとした米英の対応と重なる。共産党大会を控えて核実験を嫌うはずの中国を動かす狙いもあったとみられる。

結果的に22年中の核実験はなかった。中国の働きかけが効いたのか、そもそもはなから計画はなかったのかは不明だ。中国軍関係筋は中国の圧力が奏功したとの見方を示した上で「核実験は（越えてはならない）レッドラインだ」と語った。理由については前述の通り核実験場の近さを挙げた。では豊渓里以外の中朝国境から離れた場所なら良いのか。「そういう場所があるとの具体的情報は聞いていない」と述べるにとどめた。ただ北朝鮮が核実験を強行した場合も、中国が国連安保理制裁に賛成した2017年のように強い対応に出るかというと、日米の当局者の間では懐疑的な見方が多い。

†台湾有事と朝鮮半島有事

米中央情報局（CIA）長官ウィリアム・バーンズは23年2月、習近平が台湾侵攻準備を27年までに整えるよう軍に指示したとの情報をワシントンでの講演で明かした。中国が台湾への圧力を強める中、朝鮮半島情勢もまた台湾有事の文脈で見直されつつある。

朝鮮戦争の当時から両者は密接に連関していた。冷戦下、共産主義の封じ込め政策を掲げたトルーマン政権のディーン・アチソン国務長官は1950年1月12日、ワシントンのナショナルプレスクラブでの演説で、アジアにおいて絶対に守り抜く「防衛線（Defense Perimeter）」としてアリューシャン列島から日本、琉球諸島（沖縄）、フィリピンを挙げた。[131] 言葉通り受け止めるなら韓国や台湾を米国の防衛圏から除外するものだった。約5カ月後の6月25日、北朝鮮は韓国に攻め入り、朝鮮戦争が勃発した。アチソン・ラインが結果的に南侵を誘ったと非難されたが、沈志華に聞いたところ、金日成やスターリン、毛沢東のやり取りを記録したソ連や中国の公文書にアチソン・ラインは登場しない。いずれにせよトルーマンはただちに国連軍を組織して韓国防衛に動き、米空母を台湾海峡に急派した。北朝鮮と連動して中国共産党が台湾の武力統一に動くのを警戒したためだ。

２０２０年に改装オープンした中国丹東の「抗米援朝記念館」は朝鮮戦争を中国共産党の視点から見ることができ面白い。朝鮮戦争は「内戦」だとし、北朝鮮が先に攻め込んだことには触れていない。入ってすぐのところに「米国の朝鮮に対する武装干渉と中国・台湾侵略」と題したコーナーが設けられ、トルーマンの声明やこれに反発する周恩来外相の声明が展示されている。東アジアにおける核ドミノへの懸念を示した先の共産党関係者も「台湾と朝鮮の問題は今も密接にリンクしている」と明言する。

中国は日米、米韓の軍事同盟に反対し、日米韓3カ国の安保協力も警戒する。北朝鮮の核・ミサイルへの対処能力強化の真の狙いは対中封じ込めに日韓を引き込み、台湾統一を阻むことだとみている。これに対し、日米は中国による台湾有事と連動する形で北朝鮮が挑発行動に出たり、さらには韓国に侵攻したりする展開を警戒する。森本敏元防衛相は中国が台湾攻略作戦に踏み切った場合、日本のイージス艦を日本海に釘着けにするため北朝鮮に日本海へ弾道ミサイルを撃ち込むよう指示するシナリオを挙げる。[132] 根強い相互不信が横たわる中朝間でどこまで軍事的な意思疎通や連携が成立するかは不明だが、海上自衛隊幹部は「中国が台湾の武力統一に出れば考えられるあらゆる手を使うだろう。北朝鮮も必ず使うであろう持ち駒だ。台湾有事は朝鮮半島と必ず連動する」と語る。

北朝鮮も相関関係を公言している。朴明浩(パクミョンホ)外務次官は21年10月22日の談話で「台湾情勢と朝鮮半島情勢は決して無関係ではない」とした上で「南朝鮮駐屯の米軍兵力と軍事基地は対中国圧迫に利用されており、台湾周辺に集結している米国や追従勢力の膨大な武力はいつでも我々を狙った軍事作戦に投入し得るのは周知の事実だ」と主張。米国が中朝両国をまとめて圧殺しようとしていると非難した。

核実験はレッドラインだと明言した先の中国軍関係筋の見立ても興味深い。「台湾有事と言うが万が一そんなことになったら米軍は台湾に上陸するどころか、近付くことさえ難しいだろう。むしろ中米の兵力が直接向き合うことになりかねないのは、既に北朝鮮軍と米韓両軍が陸続きで対峙している朝鮮半島だ」。米国が台湾に介入することは許さないとの原則論に沿ったプロパガンダの色合いが濃いが、米中の衝突シナリオとしては北朝鮮有事の方が蓋然性は高いかもしれないとの指摘は一考に値するだろう。

†西を向くロシア

北朝鮮はソ連がつくった国だとよく言われる。第1章や第4章で詳しく見たように北朝鮮の軍事ドクトリンや武器体系はソ連、ロシアの系譜を継いでいるが、中朝同様、ロシアとの関係も起伏に富んでいる。ソ連は民主化を進めたゴルバチョフ政権下、国際社会で力をつけつつあった韓国との関係構築に動き、1988年のソウル五輪に参加、1990年には韓国と電撃的に国交を樹立し、北朝鮮は激しく反発した。ソ連崩壊により北朝鮮への経済支援は大幅に縮小され、ロシアのエリツィン政権下の1996年には「ソ朝友好協力相互援助条約」も失効した。両国はその後関係立て直しに動き、2000年2月にロ朝友好善隣協力条約に調印、7月にはプーチンがソ連・ロシアの最高指導者として初めて平壌を訪れた。ただし、新たな条約では1961年条約にあった軍事同盟条項は外された。

第3章で指摘したように、金正恩は中朝関係が悪化した2010年代半ば、ロシアとの貿易拡大を指示したが、実際には伸びなかった。中国を拠点に活動する北朝鮮人の間でも「ロシアは常に西を向いている。アジアに本気でコミットする気はない」（朝鮮労働党関係者）、「中国と違ってロシアは無償の支援はしないし、そんな経済的余力もない」（北朝鮮の貿易関係者）と冷めた見方が多い。

北朝鮮がロシアとの関係再構築に本腰を入れるのは19年2月の米朝会談決裂後のことである。金正恩は同年4月25日、ロシア極東ウラジオストクでプーチン大統領と初めて会談し、核問題や地域情勢を巡る連携強化で一致した。首都モスクワへの本格的な訪問ではなく極東でのスピード会談で、プーチンは1泊もせずに金正恩を残して中国政府主催の巨大経済圏構想「一帯一路」会議のため北京に直行した。北京の外交筋は当時、「北朝鮮は制裁長期化が確実になり、中国だけでは命綱として不十分だと判断したのだろう」と分析した。国際社会に友好国があることを国内向けにアピールする狙いもあっただろう。

朝ロは22年2月24日のロシアによるウクライナ侵攻後は結びつきを一層強めている。北朝鮮外務省報道官は28日、朝鮮中央通信の質問に答える形で「ウクライナ事態」の根源は他国に高圧的に干渉する「米国と西側の覇権主義的な政策」にあるとし、米欧がロシアの「合理的で正当な要求」を無視したまま北大西洋条約機構（NATO）の東方拡大を推し進めて欧州の安保環境を破壊してきたと非難した。ロシアがウクライナに侵攻したという事実には直接触れておらず多少の躊躇もうかがえるが、その後は意を決したかのようにロシアへの全面支持を打ち出す。

3月の国連総会（193カ国）の緊急特別会合でロシア非難決議案に反対した。反対票を投じたのはロシアのほかベラルーシ、シリア、エリトリア、北朝鮮の4カ国のみ。社会主義国である中国やキューバさえ棄権した。7月にはウクライナ東部ドンバス地域の一部を実効支配する親ロ派「ドネツク人民共和国」と「ルガンスク人民共和国」を独立国家として承認、反発したウクライナは断交を表明した。ロシアが9月末にウクライナ東部ドネツク、ルガンスク両州と南部ザポロジエ、ヘルソン両州の計4州の併合を宣言した際もいち早く支持を表明した。

†武器売却と疑似同盟

ロシアはウクライナの予想外の抵抗と反攻に遭い、戦争は泥沼化した。米国の高機動ロケット砲システム「ハイマース」供与など米欧から幅広い武器支援を受けるウクライナに対し、ロシアは砲弾をはじめ深刻な武器不足に直面することになった。米欧の経済制裁を警戒する中国からも思うような協力を得られず、ロシアはイランや北朝鮮からの武器調達に動いた。米政府は2022年12月、北朝鮮がロシア民間軍事会社「ワグネル」に歩兵用のロケット砲やミサイルを売却、11月にロシアへ運び込んだと発表した。

北朝鮮製の武器調達は国連安全保障理事会決議違反である。ロシアの窮状を物語るが、経済難にあえぐ北朝鮮にとっては渡りに船であろう。場合によっては現金ではなく食料や燃料との物々交換も可能だろうし、ロシアと北朝鮮は国境を接しているので船だけでなく列車を使って武器を運べる。海上で積み荷を移し替える「瀬取り」を監視して違法取引を阻む米主導の有志国連合に邪魔立てされる心配もない。かつての顧客である中東諸国に武器を輸出するのは容易ではないが、技術者派遣やノウハウ供与により外貨を稼ぐ絶好の宣伝材料となる。そして何より国連制裁の形骸化を促進する政治的な効果がある。

ただ、北京の北朝鮮政府関係者らの反応が示すように、ロシアと北朝鮮の連携がこのまま戦略的な次元まで深まっていくかどうかは別問題だ。金日成、金正日はソ連・ロシアと中国を天秤にかけながら、そのときどきの国際情勢に応じてどちらかに重心を移して支援を引き出してきたが、国際社会における中ロの影響力が逆転して久しい。北朝鮮にとってロシアは対中国の文脈で重要なカードとはなりえても中国の代わりにはなりえない。北朝鮮の命運を握るのは明らかに中国だ。

一方、中国とロシアは互いに同盟関係ではないとしながらも近年、軍事的な結びつきを強め、日本海や東シナ海、太平洋で合同軍事演習や合同パトロールを頻繁に実施している。ロシアのウクライナ侵攻後もこの流れは変わっていない。自衛隊関係者が注目するのは、日本海での中ロ演習に連動するかのように北朝鮮がミサイルを発射するケースが多くみられることだ。中ロと北朝鮮が事前に調整していることを示す情報はないが、少なくとも北朝鮮が中ロの動きを追いながら挑発行動のタイミングを図っている可能性がある。これが北朝鮮の一方的な演出に終わるのか、それとも3カ国の「疑似同盟」構築へと進むのかは慎重に見極める必要がある。

2. 米国は核を使うのか

†バイデン苦渋の決断

バイデン米政権は2021年1月20日の発足後すぐに対北朝鮮政策の見直し作業に着手した。焦点の一つは、初の米朝首脳会談でトランプと金正恩が署名したシンガポール共同声明の扱いだった。バイデン大統領は5月に文在寅大統領をワシントンに招いた米韓首脳会談後の共同記者会見で共同声明を踏襲する立場を正式に表明したが、この間には曲折があった。

北朝鮮は1月はじめの朝鮮労働党大会で「超大国を相手に戦略的地位を誇示した朝米首脳会談は世界政治史の特大の出来事となった」と総括し、共同声明についても「新たな朝米関係樹立を確約した」と評価していた。その後の交渉が決裂し、具体的成果を引き出せなかったものの、米大統領と肩を並べたのだから歴史的な業績と言えなくもないし、そもそも北朝鮮としては最高指導者がやったことを否定するわけにはいかない。

一方、シンガポール会談当時、野党だった民主党陣営は「中身がない」「だまされている」と批判。バイデンも大統領選で「トランプは悪党を親友だと話している」と攻撃していた。バイデン政権で国務長官に就いたブリンケンは21年3月に訪韓した際、シンガポール声明を尊重するかとの記者の質問に答えなかった。トランプのレガシー（遺産）を認めることに抵抗があったのだろう。ためらうバイデン政権に声明尊重を後押ししたのは日韓だった。文在寅は「非核化と朝鮮半島の平和構築のために極めて重要な声明だ」と強調。日本政府も声明を尊重すべきだとの立場を伝えていた。国際公約を軽視する姿勢を見せれば米外交の足元を自ら危うくし、北朝鮮に交渉拒否の口実を与えかねないし、共同声明は原則を列挙しただけで、将来的に米側の足かせになるような内容はない。さらに日朝対話の見通しが立たず、「米朝が動かないことには日本人拉致問題の持って行き場がない」（日本政府当局者）との事情もあった。

米政府当局者によると、政権内部では目標は「朝鮮半島の非核化」ではなく「北朝鮮の非核化」だと公式に改めるべきだとの議論もあった。実際、ブリンケンらは記者会見などで「北朝鮮の非核化」という表現をたびたび使ったが、公式化は見送られた。しかし、こうした苦渋の決断の甲斐なく、北朝鮮は対話の呼びかけに応じず新型ミサイルの発射実験を継続。22年に入るとさらに頻度は増した。バイデン政権はオバマ政権ともトランプ政権とも異なる「新たなアプローチ」で臨むと繰り返すが具体的な提案を示すわけでもなく、「オバマの戦略的忍耐と変わらない」（朝鮮労働党関係者）。バイデン政権で再び北朝鮮担当特別代表に起用されたソン・キムは駐インドネシア大使を兼任、政権内での北朝鮮政策の優先度の低さを物語る。

†変わらぬ地雷原

「朝鮮半島以外では対人地雷を使わない」。米ホワイトハウスは2022年6月21日、トランプ政権が緩和した対人地雷使用規制を再び強化すると発表した。[133] 対人地雷は戦争が終わった後も子供を含む民間人に多大な人道被害を与える。バイデン政権は、将来的な対人地雷禁止条約（オタワ条約）加盟に向けて代替手段を追求する方針を表明する一方、「朝鮮半島の特殊な状況、韓国防衛義務を踏まえ、現時点で朝鮮半島については政策変更できない」と説明した。朝鮮戦争は停戦しただけであって終わっておらず、言葉通り「地雷原」であり続けているのである。

しかも北朝鮮は朝鮮戦争当時にはなかった核を手にした。米国がニューヨークを犠牲にするリスクを取ってまでソウル、東京を守るのか、という疑念を同盟国が抱かないよう腐心している。

トランプが顕在化させた「アメリカ・ファースト」、米国第一主義は同盟国の不安を増幅させた。しかも米国第一主義はトランプに限ったものではない。米国民はアフガン・イラク戦争で疲弊し、オバマは2013年9月、シリア内戦で化学兵器を使用したアサド政権への武力行使を見送ることを表明した異例の演説で「米国は世界の警察官ではない」と言い切り、バイデンはアフガンから撤収を断行した。厭戦基調は党派を超えて持続しており、ロシアのウクライナ侵攻を経ても大きく変わっていない。シカゴ・グローバル協議会が22年11月に実施した世論調査では、ウクライナへの武器追加供与に65％、経済支援に66％が賛成したのに対し、派兵賛成は32％にとどまった。ウクライナがいくらか領土を失うことになっても早期に和平を結ぶよう促すべきだと考える人が47％と半数近くおり、共和党支持者に限れば63％に上った。[134]

北朝鮮は４番目の脅威

米国の北朝鮮への対応を読むには、米国が今の世界をどう見て、どう進もうとしているのかを知ることが不可欠だろう。バイデン政権は２０２２年10月12日に「国家安全保障戦略（ＮＳＳ）」を発表した。政治、外交、経済、軍事など包括的な安保戦略を示す文書で、議会への提出が義務付けられている。今回のＮＳＳは中国について「国際秩序を変える意思、そのための経済力、軍事力、技術力を兼ね備えた唯一の競争相手」と明記したのが最大の特徴だ。トランプ政権のＮＳＳ（17年12月）では「中国とロシアは米国の力や影響力、権益に挑戦している」と中ロを並列していたが、５年を経て中国が最大のライバルとして格上げされた。ロシアによるウクライナ侵攻をみてもなお、中国こそが「米国にとって最も重大な地政学的挑戦」だと評価したわけである。

ロシアは欧州の地域安保秩序に対する目下の脅威であり国際社会の不安定化につながっているとしながらも「中国のような領域横断的な能力に欠ける」と指摘。そして中ロより小さいも

るのは中東の大国イランの方だ。北朝鮮は既に「核兵器」へと進んでいるが、米国にとって気にな
し続けている」と指摘した。北朝鮮は「不法な核兵器とミサイル計画を拡大
考えられない段階まで核計画を進めている」。北朝鮮は「不法な核兵器とミサイル計画を拡大
内政干渉し、ミサイルや無人機を拡散させ、米国人に危害を与えようとしており、民生用とは
のの攻撃的な「独裁体制」があるとし、イラン、次いで北朝鮮を挙げた。イランは「周辺国に

†「発射の左」

バイデン政権はNSS発表の約2週間後には3つの下位文書「国家防衛戦略（NDS）」「核態勢の見直し（NPR）」「ミサイル防衛の見直し（MDR）」を発表した。NDSは軍事力だけでなく経済制裁や先進技術も駆使し、同盟・友好国と緊密に連携しながら国際秩序を脅かす国と対峙する「統合抑止力」の構築推進を打ち出した。

NPRは中国の急速な核戦力増強を見通し、2030年代までに米国は史上初めて戦略的な競争相手、潜在的な敵国として二つの核大国（ロシアと中国）と向き合うことになると指摘。北朝鮮に対しては「米国やわれわれの同盟国、友好国に対するいかなる核攻撃も容認せず、体制は滅亡するだろう。金体制が核兵器を使いながら生き残るようなシナリオは存在しない」とし、トランプ政権のNPRと同じ文言で警告を送り、日韓など同盟国を守るため核兵器を含む

拡大抑止力、いわゆる「核の傘」を強化するとした。

ＭＤＲはロシア、中国に対しては戦略核による抑止態勢を維持するとした上で、北朝鮮対応では「包括的ミサイル・ディフィート（打倒・打破）」というアプローチを掲げている。飛んでくるものの迎撃だけでなく、ミサイル開発や獲得、拡散の阻止まで含む幅広い概念だ。ジョン・プラム国防次官補（宇宙政策担当）は「ミサイル発射の左から右まですべて[135]」と説明する。迎撃だけでなく、発射阻止、発射後の破壊、誘導妨害などを重層的に組み合わせたものと言える。

ミサイル攻撃は、①ＴＥＬなどで移動、発射準備（液体燃料であれば燃料注入も）、②発射、③上昇（ブースト段階）、④宇宙空間飛行（ミッドコース段階）、⑤大気圏突入（ターミナル段階）、⑥目標物に着弾――というプロセスを経る。発射前の準備段階を米軍関係者らは「レフト・オブ・ローンチ（発射の左）」と呼ぶ。英文で順序を書いた場合、発射の左側に来るからだ。オバマ、トランプ政権とも「レフト・オブ・ローンチ」を狙って北朝鮮ミサイル発射を阻止することを検討してきたが、発射形態の多様化や固体燃料導入によりその間口は狭まっている。いったん戦端が開かれれば、米軍は躊躇なく北朝鮮のミサイル部隊やインフラを攻撃するだろうが、その前段階では先制攻撃や予防攻撃とみなされかねず、簡単に踏み切れるものではないだろう。

ＭＤＲはまた、米領グアムについて「自由で開かれたインド太平洋」を維持するための戦力を展開する上で不可欠な作戦拠点だとし、グアムへの攻撃は「（米本土攻撃同様）米国への直接攻撃とみなし、相応する措置を取る」と特記した。北朝鮮だけでなく大量の中距離弾道ミサイル（ＩＲＢＭ）を保有する中国に対する警告だ。

†「核の役割縮小」への逆風

バイデンが副大統領として仕えたオバマ政権は国防戦略における核兵器の役割縮小を追求、核の先制不使用（先行不使用）や核使用を敵の核攻撃阻止や反撃に限る「唯一の目的」宣言も検討したが、日本をはじめとする同盟国は核の役割縮小の動きに反対し、ブレーキをかけてきた。バイデンも政権初のＮＰＲで「唯一の目的」宣言の採用を模索したものの、ロシアのウクライナ侵攻や、台湾への軍事圧力を強める中国の核戦力増強の現実の前に断念せざるを得なかった。

ＮＰＲは核兵器の基本的役割は米国や同盟国・友好国に対する核攻撃抑止にあると規定。核使用について厳しい制約を課し、米国や同盟国・友好国の重大な利益を守るため「極限の状況」に置かれた場合のみ使用を検討すると強調している。通常兵器も活用した総合的な抑止戦略を取るとしているが、通常兵器や生物・化学兵器での攻撃に対する核使用の余地を残した。

現状では「唯一の目的」宣言をすれば米国や同盟国が通常戦力で攻撃を受ける可能性が増す恐れがあると結論付けた。

「米国の戦略における核兵器の役割縮小という目標達成に向けて責任ある措置を取る」と明記したが、現実は逆方向に進んでいる。トランプ政権が進めた核搭載の海洋発射型巡航ミサイル（SLCM-N）計画を中止するとしたものの、議会で関連予算が復活したのは前章で見た通りである。北朝鮮による核兵器実戦配備の動きを受け、韓国では後述するように保守層を中心に核武装論が台頭。尹錫悦政権は米国の核戦力運用に関与しようと躍起だ。日本政府も拡大抑止力の在り方を巡りより突っ込んだ議論を求めている。

†軍備管理論

「もし金正恩が電話してきて『軍備管理について話し合いたい』と言えば、ノーとは言わない。『オーケー、それがどういう意味なのか聞いてみようじゃないか』と言うだろう」。米国務省のボニー・ジェンキンス次官（軍備管理・国際安全保障担当）は2022年10月、ワシントンで開かれたシンクタンクの国際会合で明言した。オバマ政権末期、当時のクラッパー国家情報長官が、北朝鮮が非核化に応じる可能性は低く、軍備管理に持ち込むのが現実的だとの考えを語ったことは第2章で紹介した。バイデン政権でも同様の考え方が時に表面化する。ジェンキンスは軍備管理交渉は「ひとつのオプション」になりうるとし、リスク削減について話し合う用意もあると語った。北朝鮮の核・ミサイル能力高度化進展の危機感が根底にあるのは間違いないが、核を持ったまま米国との関係正常化を狙う北朝鮮のシナリオに陥りかねない。メディアや日韓両政府は敏感に反応し、国務省は「朝鮮半島の完全非核化」を目指す立場に何ら変更はなく、北朝鮮を核保有国として受け入れることはないと強調したが、北朝鮮はこうした発言が報じられるたびに手ごたえを感じているだろう。

北朝鮮の核武装が現実となる中、米政府当局者や研究者の間では「北朝鮮が核を使おうとするような状況に追い込まない」ことが重要だとの考えも広まりつつある。早くからこの点を指摘していたのは、オバマ政権下の２００９〜14年に国防長官室で戦略立案を担当したバン・ジャクソンだ。米空軍分析官出身で北朝鮮との交渉に参加する一方、韓国との拡大抑止協議の枠組みも立ち上げた。ジャクソンは筆者がインタビューした16年時点で、北朝鮮は既にノドンに核弾頭を搭載できる可能性が高いとみていた。核の先制使用に追い込まないためには全面戦争を前提とした従来の作戦計画を見直し、より限定的で抑制の効いた作戦にすべきだとし、「朝鮮半島で緊張が高まったときにグアムから日本に米軍を増派すれば、北朝鮮は侵攻の兆候ととらえかねない」と指摘。米空母急派も同様のリスクがあり、平時から朝鮮半島近海に常駐させるべきだと論じた。

3．韓国――急速に進む国防強化

†「主敵」はどこか

日本では北朝鮮が1発でも弾道ミサイルを発射すれば政府、メディアともに即座に反応するが、韓国が弾道ミサイルを多数保有し、その能力を年々向上させている事実はあまり認識されていない。国防予算は2000年以降、政権与党の保革を問わず一貫して増加している。革新系の文在寅（ムンジェイン）政権下では保守の朴槿恵（パククネ）政権を上回るペースを記録し、2018年には各国の物価水準を考慮した購買力平価換算で506億ドルと、日本の防衛予算494億ドルを上回った。[136]22年1月までに米国のF-35Aステルス戦闘機40機の導入を完了、尹錫悦（ユンソンニョル）政権で事実上中断されたものの文政権は軽空母計画も進めた。革新系政権は米国に依存しない「自主国防」への志向が強く、済州島（チェジュド）に海軍基地を建設した盧武鉉（ノムヒョン）政権も同様だった。航空戦力をはじめ通常戦力では北朝鮮を圧倒する格差がついている。

一方で、保守政権か革新政権かによってその脅威認識は大きくぶれる。分かりやすい例が主たる敵、「主敵」はどこかという議論だ。

「主敵」との表現は、金泳三（キムヨンサム）政権時代、1995年の国防白書に初登場した。前年3月に板門店で開かれた南北実務接触で北朝鮮側代表が「戦争になればソウルは火の海になる」と発言したのが引き金となった。革新の盧武鉉政権は2004年白書（05年発行）から「主敵」との表現を削除したが、保守の李明博（イミョンバク）政権は10年11月の延坪島（ヨンピョンド）砲撃事件を受けて「北朝鮮の政権と軍はわれわれの敵だ」と規定した。文在寅政権は18年白書（19年発行）から再び「主敵」との表現を削除。北朝鮮の大量破壊兵器は朝鮮半島の平和と安定に対する脅威だと位置付ける一方、「大韓民国の主権、国土、国民、財産を脅かし、侵害する勢力をわれわれの敵とみなす」とした上で、国防政策の第1の目標は「全方位からの安全保障脅威への対応」を掲げた。そして尹錫悦政権は2022年版国防白書（23年2月発行）で「北朝鮮の政権と軍はわれわれの敵だ」と李明博政権時代と同じ表現を復活させた。北朝鮮も韓国を「疑う余地のない我々の明白な敵」（金正恩）とし対決姿勢を強めた。

†米韓ミサイル指針撤廃

北朝鮮のミサイル開発進展に伴い、米国は韓国の弾道ミサイルの射程や弾頭重量を制限する「米韓ミサイル指針」を段階的に緩和、21年5月の文在寅とバイデンの首脳会談を機に制限を完全に解除した。文政権が追求した有事作戦統制権の韓国軍への移管に応じない代わりにミサイル指針撤廃で譲った形だった。防衛省関係者によると、日本政府は過去、隣国のミサイル射程延伸について水面下で米国に懸念を伝えたこともあった。

米韓ミサイル指針が最初に結ばれたのは1979年。米国が軍事独裁の朴正熙(パクチョンヒ)政権による核武装を懸念したことが背景にあったとされる。朴正熙政権は秘密裏に核兵器開発を進め、カーター政権の知るところとなり断念した経緯がある。当初の指針では弾道重量は500キログラム、射程180キロメートルだったが、国際枠組み「ミサイル関連技術輸出規制(MTCR)」への韓国加入(2001年)や韓国海軍哨戒艦「天安艦」沈没事件(10年)を経て射程は800キロメートルに延長された。弾頭重量制限は北朝鮮が弾道ミサイル発射を繰り返して緊張が高まった17年に撤廃、20年には固体燃料エンジンの使用が容認された。そして21年5月、射程制限もなくなった。重量制限撤廃から指針完全撤廃までは革新系の文在寅政権下のことだ。北朝鮮への対処はもちろん「自主国防」へのこだわりも後押ししたとみられる。

韓国はミサイル指針緩和・撤廃に伴い、固体燃料の短距離弾道ミサイル「玄武(ヒョンム)」シリーズの開発を急進展させた。玄武4は弾頭重量2トン、射程800キロ。文在寅は玄武4について「世界最高水準の弾頭重量を備えた弾道ミサイル」だと強調した。国防省は2022年3月、国防科学研究所が独自開発した固体燃料ロケットの初の打ち上げ実験に成功したと発表、12月にも発射実験を行った。完成には数年を要するとみられるが、偵察衛星保有への「重要な里程標」と宣伝しており、宇宙の軍事利用を巡っても南北間の競争が本格化しつつある。

†SLBM極秘開発

北朝鮮が２０１９年10月に潜水艦発射弾道ミサイル（ＳＬＢＭ）「北極星３」を発射した直後、韓国の沈勝燮（シムスンソプ）海軍参謀総長は国会の国政監査で「原潜は北およびその周辺国に同時に対応できる有用な戦力だ」と答弁、原潜保有を視野に研究を進めていると公式に明らかにした。韓国外交当局者も「北朝鮮だけでなく中国に対する抑止力を効かせるためにも第2撃能力を持つ必要がある」と同調する。これに対し、自衛隊関係者は「北朝鮮の潜水艦を止めるために原潜は必要ない。通常型で十分なはずだ」と疑問を呈する。外交当局者が持ち出した「第2撃能力」も本来、核による報復能力を指す概念であり、軍事的合理性という意味では説得力に欠ける。しかし金正恩が原潜保有計画を表明した以上、韓国が原潜計画を中断する公算は小さい。

韓国は静かにＳＬＢＭ開発も進めていた。北朝鮮が日本海に向けて弾道ミサイル２発を発射した２０２1年9月15日、文在寅が立ち会って黄海で、8月に就役したばかりの３０００トン級潜水艦「島山安昌浩（トサンアンチャンホ）」に搭載したＳＬＢＭの水中発射実験を実施、実戦配備に移ると発表した。韓国海軍の元潜水艦長の文根植（ムングンシク）は、金正恩が原潜計画を公表する前、筆者の取材に「北朝鮮が開発を進めているＳＬＢＭを運用するには通常動力では不十分だ。将来的な原潜保有を本気で目指しているのは間違いない」と語っていた。この論理であればSLBM配備を表明した韓国もいずれ原潜が必要だということになる。さらに言えば、韓国政府はSLBMを実戦配備したのは米英仏ロ中インドに続き7カ国目だと誇るが、韓国以外はいずれも核保有国である。SLBM配備と原潜計画は韓国保守派の核武装論と共鳴する結果となっていることは否めない。

21年6月には韓国海軍の潜水艦などを建造している造船大手、大宇（テウ）造船海洋が北朝鮮と推定される勢力からハッキングを受けたと報じられた。原潜開発に関与している韓国政府機関の原子力研究院もサイバー攻撃を受けたことが判明した。北朝鮮の原潜、SLBM開発に対抗するために韓国が追随、さらに北朝鮮がハッキングを通じて韓国から関連技術を入手しようとする奇妙な循環構図ができている可能性もある。

†韓国人の7割が核武装支持

シカゴ・グローバル協議会などが韓国で行った世論調査[137]（2021年12月、18歳以上の1500人）では、韓国独自の核保有について71％が支持、米国の核兵器配備についても56％が支持した。さらに核武装オプションが二者択一の場合は独自の核保有（67％）が、米国の核配備（9％）より圧倒的に多かった。興味深いのは核保有を支持する理由だ。多い順に列挙すると「北朝鮮以外の脅威から韓国を守るため」（39％）、「国際社会における韓国の地位を高めるため」（26%）、「北朝鮮の脅威に対処するため」（23%）、「米国が守ってくれそうにないから」（10%）。北朝鮮の核開発進展と米国の核の傘に対する不安が核保有支持を広げているように考えがちだが、世論調査結果からは核保有は国力を象徴するとの発想が強いことがうかがえる。北朝鮮と共通する点だ。

韓国にとって北朝鮮、中国、日本、米国のうちどの国が最も脅威と考えるかとの問いに対しては北朝鮮（46%）、中国（33%）、日本（10%）、米国（9%）の順で、10年後については中国（56%）、北朝鮮（22%）と逆転、日本（10%）、米国（8%）は順位の変動はない。有事の際、米国が防衛義務を果たすだろうと考えている人は6割に上った。

核が非人道的兵器だとの認識、「核アレルギー」は日本に比べるとはるかに弱い。核拡散防止条約（NPT）体制や米国との同盟関係、経済への影響など深刻な政治的代償が避けられないにもかかわらず、核武装論が周期的と言ってよいほど盛り上がる背景だ。朴槿恵政権高官は米国に戦術核再配備を非公式に打診したと報じられ、[138] 文在寅政権でも国防相が公式に「正面から検討する価値がある」と述べた。

バイデン政権は「われわれが注力すべきは核兵器の脅威を増大させないことであり、緊張を緩和し、世界から核兵器をなくすことだ」（ゴールドバーグ駐韓大使）とくぎを刺すが、議論は収まらない。尹錫悦大統領は23年1月11日、国防省と外務省の新年業務報告を受けた際、「問題が一層深刻化し、韓国に(米国の)戦術核を配備したり、われわれ自身が核を保有したりすることもありうる。しかし現実的に可能な手段を選択することが重要だ」と述べ、米国の核戦力運用に関する情報共有や「共同企画、共同実行」を追求すべきだとの考えを示した。韓国外交当局者は尹錫悦の発言を巡り「米国が応じるわけがなく非現実的だ」としつつ、核兵器製造を可能とする産業インフラを整え、弾道ミサイル技術を蓄えることで「潜在的核武装」を進めるべきだとの考えを示した。後述するが、日本の政治家や外交・防衛当局者の間でも同様の考え方を聞くことは多い。

†作戦計画の最大変数

北朝鮮と直接対峙するのは米韓連合軍だ。在韓米軍の兵力は2万8500人。韓国の国防白書によると、有事に投入される米軍の増援戦力は陸海空軍、海兵隊をあわせ69万人、艦艇160隻、航空機2000機規模。米韓相互防衛条約第2条[139]に基づき、「柔軟抑止オプション(FDO)」と「時差別部隊展開諸元(TPFDD)」の二段階で展開する。「朝鮮半島で危機が高まれば戦争を抑止し、危機を緩和するためのFDOが施行され、決められた兵力が投入され、戦争が勃発すれば韓米連合作戦計画の施行を保障するようTPFDDに従って計画された戦闘部隊と支援部隊が増援される」。

米韓は北朝鮮の南侵や北朝鮮国内の有事を想定した作戦計画を定期的に改訂してきた。その最新版は「作戦計画5015」だが、計画を策定する上で最大の変数となってきたのが中国の出方だ。韓国軍関係者はかつて筆者に「中国の軍事介入はない、介入させないという前提で策定している。中国の軍事介入があり得るとの前提にすると想定シナリオが一気に複雑化し、具体的な計画を立てられなくなる」と語った。米国は朝鮮半島の緊張が高まりつつあったオバマ政権末期、中国に対し、北朝鮮有事の際、どう対応するのかについて事前協議の実施を何度も持ち掛けた。しかし「中国側はこちらの話が聞こえているのかどうかさえ分からない。一切反応を示さなかった」(国務省高官)という。

トランプ政権に入っても働きかけは続き、中国側の対応に変化があったことをうかがわせる証言もある。「北朝鮮内部で何らかの混乱が生じた場合、米国にとって最も重要なのは彼らの核兵器を回収し、好ましくない人々の手に渡らないようにすることだ。米国がそれをどのように行うかについて中国側と協議した」。ティラーソン国務長官は2017年12月12日、ワシントンでの講演でこう明らかにした上で「もし米軍が北朝鮮に入るとしてもその目的は朝鮮半島の非核化であり、それが達成されれば北緯38度線の南に戻ると中国に確約した」と言明した。[140]

ティラーソンはこれに先立つ5月、国務省職員に対する演説で、トランプ政権の対北朝鮮政策を巡り「四つのノー」を表明していた。①北朝鮮の体制転換を目指さない、②北朝鮮の体制崩壊を目指さない、③南北統一を急がない、④38度線を越えて進攻しない――との内容だ。[141] 北朝鮮だけではなく中国に向けられたメッセージだった。

　ティラーソンが明らかにした米中協議で中国側がどのような反応を示したのかは不明だが、それまでかたくなに議論を避けていた中国側の態度変化をうかがわせる動きはあった。米軍制服組トップのダンフォード統合参謀本部議長が同年8月に訪中し、中国人民解放軍の房峰輝（ぼうほうき）統合参謀部参謀長や制服組トップの范長龍（はんちょうりゅう）・中央軍事委員会副主席、中国外交トップの楊潔篪（ようけつち）国務委員、習近平国家主席と会談。中国東北部の中朝国境を管轄する北部戦区の拠点、瀋陽で軍事演習も視察した。ダンフォードは同行記者らに対し、房峰輝との一連の会談について「興味深く率直だった」と評価した。中国側との議論の多くは北朝鮮問題に割かれ、「外交圧力や経済圧力がきかなかった場合に備えて軍事オプションを策定していることもはっきり伝えた」と語った。「もし軍事行動を取るのならどういうことが起きうるのか」についても意見を交わしたという。ソウル、北京、東京を歴訪したダンフォードはその目的について、朝鮮半島有事はどのようなシナリオが考えられるのかについて事前に意見を交わすことだとし、互いに誤算を避けるためにいざというときにはただちに意思疎通できるメカニズムが必要だと語った。[142]

　米韓は2021年12月のオースティン国防長官と徐旭（ソウク）国防相による安保協議会（SCM）で北朝鮮に関係する作戦計画の改定で合意、改訂作業のために「この間の戦略環境の変化」を反映した新たな戦略計画指針（SPG）を承認した。これまでのSPGは2010年署名のもので既に10年以上が経過していた。2018〜21年に在韓米軍司令官を務めたロバート・エイブラムスによると、2019年にも指針更新を公式に要請したが、韓国側は応じなかった。[143] 北朝鮮に対する融和政策を進めた文在寅大統領の意向が働いたとみるのが自然だろう。

一転、改定に合意したのは米側の強い要求に加え、核・ミサイルをはじめ北朝鮮の軍事力増強を無視できなくなったためだろう。エイブラムスは北朝鮮が新たに短距離弾道ミサイルや火砲体系、SLBMや巡航ミサイルを保有するに至ったと指摘。さらに中国軍機の韓国防空識別圏進入が激増するなど中国軍が朝鮮半島周辺でのプレゼンスを拡大させていることを作戦計画の改定が必要な理由として挙げたが、北朝鮮への対処が目的だとしても、韓国側が対中での軍事的連携にどの程度応じるのかは未知数だ。

†やるかやられるか

「これまでは北の核能力高度化を抑止することに重点を置いて対応してきたが、戦略を変えるときがきた。核使用を抑止することにすべての努力を集中する時だ」。尹錫悦（ユンソンニョル）政権の国防相、李鐘燮（イジョンソプ）は2022年10月、保守与党「国民の力」の会合でこう表明した。北朝鮮の核保有を現実として受け止め、それに見合った軍事的対応が必要だということだ。3月の大統領選で革新系「共に民主党」の李在明前京畿道知事を史上最少の僅差で破り、5年ぶりの保守政権を発足させた尹錫悦は外交・安保政策を一変させた。安全保障を専門とする研究者から駐日大使に抜擢された尹徳敏（ユンドクミン）も「文在寅前政権は北朝鮮に非核化の意思があるとして制裁解除を訴えたが、結果として北朝鮮の核能力はコントロールできないほど拡大してしまった」と述べ、「北朝鮮中心の外交」は完全に失敗だったと断じる。

　では韓国は北朝鮮の核使用をどうやって抑止しようと考えているのか。李鐘爕は「北が核使用を試みる場合、北の政権の終末になるとの認識を持つようにするのが最優先だ」とした上で、米国による拡大抑止の「実行力」と「韓国型3軸体系」の強化を訴える。

　3軸体系とは、①北朝鮮によるミサイル発射の兆候があれば先に破壊するキル・チェーン、②韓国型ミサイル防衛（KAMD）、③北朝鮮が攻撃してきた場合は指導部などに報復攻撃を行う大量膺懲（ようちょう）報復（KMPR）――からなる。「膺懲」は難しい用語だが「征伐して懲らしめる」との意味だ。日本の防衛白書は「大量反撃報復」と翻訳している。

　キル・チェーンは軍事用語で、①攻撃目標の探知、特定、追跡、②攻撃手段の選別と命令、③攻撃実行と戦果確認――という一連の流れを指す。韓国がこれを北朝鮮ミサイル対応に適用して探知から制圧まで30分以内に完了するとの野心的概念を打ち出したのは保守の李明博（イミョンバク）政権時代、2010年の延坪島砲撃事件が起きた後だ。ミサイル防衛だけでは不十分だとの危機感があった。さらに16年9月の北朝鮮の5回目の核実験を受け、朴槿恵政権がKMPRを打ち出し、3軸体系の原型ができ上がった。

文在寅政権は北朝鮮を刺激することを嫌い、キル・チェーンとKMPRを統合して「戦略打撃体系」と言い換え、対象も北朝鮮に限定せず、全方位の安全保障上の脅威と位置づけなおしたが、尹錫悦政権は「3軸体系」の呼称を復活させた。23年予算でも優先的に配分し、キル・チェーンのために中高度偵察用無人機、KAMDでは迎撃ミサイル「パトリオット」の性能改良、KMPRでは多連装ロケット調達を盛り込んだ。24年までに先制攻撃と報復攻撃を統括する戦略司令部を創設、弾道ミサイルやF-35Aステルス戦闘機、潜水艦などの戦力を強化、米国に依存せずに北朝鮮の攻撃目標を探知するため自前の偵察衛星保有も目指している。

ただ、キル・チェーン概念を最初に打ち出した当時、北朝鮮のミサイルは液体燃料が主流だったが、近年、韓国を狙う短距離弾道ミサイルに固体燃料を導入、極超音速ミサイルの開発も進めている。機先を制し「発射する前にたたく」というのは一見、合理的に思えてもハードルは限りなく高まっている。兆候が探知されるまで待っている時間的余裕はないとして予防攻撃へ前傾していきかねない危うさをはらむ。北朝鮮にとっても事情は同じで、「やるかやられるか」の選択を迫られて先制攻撃に傾く恐れがある。キル・チェーンは金正恩が最も警戒する「斬首作戦」とも連動する仕組みだ。金正恩による戦術核使用の威嚇、先制攻撃も辞さないとする尹錫悦や政権高官の言動が悪循環に陥っているとして不安視する専門家は多い。米朝核戦争のシナリオを研究したジェフリー・ルイスは、先制攻撃は最も成功確率が高い軍事オプションであると同時に「制御不能なエスカレーションから核戦争につながりかねない」と指摘する。南北双方がいざとなれば先手必勝と構え、極度の緊張に置かれる中、攻撃が差し迫っていると一方的に判断し、先に攻撃を仕掛ける――。朝鮮半島で最も懸念されるシナリオである。

4. 岐路の日本防衛

†安保3文書改訂

日本政府は2022年12月、「国家安全保障戦略」「国家防衛戦略」「防衛整備計画」の安保関連3文書を決定、「スタンド・オフ防衛能力」を活用した「反撃能力」保有をうたった。相手国領域内でミサイル発射を阻止する「敵基地攻撃能力」を言い換えたもので、米国のレフト・オブ・ローンチ、韓国のキル・チェーンと通底する発想だ。23年度から5年間の防衛費総額は約43兆円。19～23年度の1・5倍超の増額だ。日本への侵攻が起きる場合、日本が主たる責任をもって対処し、同盟国の支援を受けながら阻止・排除できるよう2027年度までに防衛力を強化し、防衛費に他省庁の関連予算を含めGDP2%まで引き上げるとした。集団的自衛権行使容認に続く安保政策の歴史的転換である。

長射程ミサイルの開発を進め、米国製巡航ミサイル「トマホーク」導入も決めた。反撃能力保有で自衛隊の役割が拡大し、米軍との一体化が加速するのは間違いない。3文書改訂は米国と戦略をすりあわせ、安保協力を統合的に進める狙いもある。

国家安全保障戦略はロシアによるウクライナ侵略のような事態が東アジアにおいて発生する可能性は排除されないとし、日本は「戦後最も厳しく複雑な安全保障環境」に置かれていると強調。中国の対外的な姿勢や軍事動向が日本にとって「これまでにない最大の戦略的な挑戦」であり、総合的な国力と同盟国との連携によって対応すべきだと規定した。北朝鮮については安全保障上「従前よりも一層重大かつ差し迫った脅威」とした。

国家安全保障戦略は反撃能力について「相手からミサイルによる攻撃がなされた場合、ミサイル防衛網により、飛来するミサイルを防ぎつつ、相手からの更なる武力攻撃を防ぐために、我が国から有効な反撃を相手に加える能力」と規定している。

どんなタイミングから反撃は始まるのか。岸田文雄首相は3文書閣議決定後の記者会見で明言を避けた。一方、浜田靖一防衛相は12月20日の記者会見で「他国が我が国に対して武力攻撃に着手した時」と説明した。攻撃の兆候を察知して攻撃することも可能だとしており、専守防衛をなし崩しにしかねない危うい議論となりつつある。

3文書は「反撃能力」保有とともに「統合防空ミサイル防衛能力」の強化を打ち出した。これはもともと米国が2017年にまとめたIAMD（統合防空ミサイル防衛）構想の後を追うものだ。IAMDは「弾道ミサイル、巡航ミサイル、有人・無人航空機、ロケット弾などあらゆる航空・ミサイルの脅威に対して攻撃作戦、積極防衛、消極防衛を指揮統制システムによって一体化させた方策を追求するもの」である。[144] 大まかに、①敵の航空・ミサイルを未然に防止する（prevent）、②攻撃後の敵の航空機及びミサイルを破壊する（defeat）、③攻撃を受けた場合、友軍の作戦への影響を最少にする（minimize）の3段階で構成される。バイデン政権の「ミサイル防衛の見直し」（MDR2022）は海外に駐留する米軍を守るためにも同盟国・友好国と共同でIAMD能力向上を目指すとしている。米軍と自衛隊の一体運用がさらに進めば、発射前の攻撃をどう扱うのかは避けて通れない論点となるだろう。

†必要最小限度の実力

戦争放棄をうたった日本国憲法9条は戦力の不保持を定めているが、日本政府は「自衛のための必要最小限度の実力」は持つことができるとの解釈を示してきた。では何をもって限度とするのか。歴代内閣は「性能上専ら相手国の国土の潰滅的破壊のためにのみ用いられるいわゆる攻撃的兵器」の保有は憲法上許されないとし、こうした攻撃的兵器として大陸間弾道ミサイル（ＩＣＢＭ）、長距離戦略爆撃機、攻撃型空母を挙げてきた。ただこの3つを例示したのは１９７０年にさかのぼり、半世紀以上前の話だ。[145]政府も「必要最小限度」は「その時々の国際情勢、軍事技術の水準その他の諸条件により変わり得る相対的な面」（２０２２年防衛白書）があると強調している。

敵基地攻撃能力については、１９５６年3月の鳩山答弁が踏襲されてきた。すなわち「誘導弾等による攻撃を防御するのに、他に手段がないと認められる限り、誘導弾等の基地をたたくことは法理的には自衛の範囲に含まれ、可能である」というものである。一方で政策的判断として、敵基地攻撃は日米安全保障条約に基づく役割分担の中で米国の打撃力に依存するとの方針を取ってきた。いわゆる「盾と矛」の役割分担だが、これが大きく変わろうとしている。

国会では長らく、敵基地攻撃能力を巡って北朝鮮のミサイル基地を想定した議論が交わされてきた。北朝鮮が移動式発射台（ＴＥＬ）でミサイルを運用するようになると、動く標的を攻撃するのは困難だから現実性に乏しいとの批判も出た。日本政府はこれまでオブラートに包んできた対中国の狙いを前面に出すようになったが、「反撃能力」と衣替えした防衛力整備の方向性は混沌としている。南西諸島海域での中国軍の艦船や航空機を想定する議論もあれば、「最も必要なのは中国人民解放軍のインフラを攻撃できる長射程ミサイルだ」と大陸沿岸部への攻撃シナリオを示唆する防衛省高官もいる。

†「真剣白刃取り」

ブッシュ(父)は2002年、アラスカとカリフォルニアへの迎撃ミサイル配備を発表した。米国の弾道ミサイル防衛(BMD)が正式に稼働したのは2004年。北朝鮮やイランからの限定的な弾道ミサイル攻撃から米本土を防衛する目的だった。ただ、ミサイル防衛は元来「ならず者国家」からの限定的なミサイル攻撃に対処するためのものだ。ロシアや中国などミサイル大国からの攻撃には焼け石に水だとされ、米政府自身、ミサイル防衛強化は中ロとの戦略バランスには何ら影響は与えないと主張している。

2010年の「ミサイル防衛の見直し(MDR)」でも地上配備型MDの役割は「限定的な弾道ミサイル攻撃の脅威から米本土を守る」ことだとし、「ロシアや中国による大規模なミサイル攻撃に対処する能力はなく、これらの国々との戦略バランスに影響を与えようとするものではない」と明記していた。

日本はより高性能な海上配備型迎撃ミサイル「SM3ブロック2A」を米国と共同開発。ミサイル防衛の重層化に向けて、地上配備型のイージスシステム「イージス・アショア」の導入を決めたが、計画は頓挫した。「ピストルの弾をピストルの弾で撃ち落とすようなものだ」と形容されたミサイル防衛。北朝鮮が大量のミサイルを保有し、飽和攻撃能力を高めている中、迎撃する側の条件はより不利になっている。

北朝鮮が2017年3月6日にスカッドER4発を連続発射した際、関係省庁から周辺海域の船舶に警報を出したのは13分後で、既にミサイルが落下した後だった。官房長官だった菅義偉は当時、「事前通告なしの発射では、どこに飛んでくるのか察知するのは極めて難しい」と語った。北朝鮮が有事に事前通告してミサイルを発射するとは考えにくい。発言は図らずもミサイル防衛の限界を認めたものだったが、菅は「反撃能力」保有につながる防衛力整備の方向性を示唆していた。「事前に防ぐのが最大限大事だ」。安全保障政策に携わる日本政府高官は「真剣白刃取りには限界がある。飛んでくるミサイルの量を減らす必要がある」と語る。

†地球は丸い

北朝鮮が韓国のミサイル防衛突破を狙って新型短距離弾道ミサイルを開発したことは既に見た。低高度で飛ぶミサイルは日本のミサイル防衛にとっても難題を突きつける。最大の障害は地球が球面であることだ。レーダーの電波は直線で飛ぶため、水平線の向こう側の低高度は死角になる。日本の陸地から見ると北朝鮮は水平線の向こう側に位置するため、低高度で飛んでくるミサイルをレーダーで捕捉できるのは直前になる。イージス艦の日本海展開は、もちろんミサイル迎撃のためだが、レーダーをより前方に配置する意味がある。通常の放物線軌道で日本上空を飛び越えていくようなミサイルや高高度のロフテッド軌道であればむしろ捕捉は容易だ。変則軌道となると変数がさらに増える。KN-23のように着弾直前に急上昇して落下する変則軌道はまだ対応のしようがあるものの、北朝鮮が2022年1月に発射した「極超音速ミサイル」のような横の動きは「軌道計算の能力が追いつかない可能性がある」（航空自衛隊関係者）。レーダーによる捕捉から迎撃までの時間が短ければ迎撃弾の速度が追い付かなかったり、追尾の際に生じるG（重力加速度）に耐えられずに壊れたりする可能性がある。[146]

海上自衛隊はミサイル防衛対応型のイージス艦を増やし21年、8隻体制を整えた。しかし通常2隻は改修中。残り6隻もローテーションで慣熟航海、作戦配備となるため、乗組員の練度を含め実際に100%の能力でミサイル防衛の警戒任務に当たれるのは2隻に過ぎない。イージス艦の展開海域は極秘だが、1隻は東京や大阪などを守るため日本海に、もう1隻は南西諸島や米領グアムに向かうミサイル警戒のため東シナ海に展開していることが多いようだ。グアム防衛は安倍政権が憲法の解釈変更で可能にした集団的自衛権の発動に備えたものだ。日本政府関係者は「グアムを守ることは日本の安全保障にとっても死活的に重要だ」と語る。

イージス艦8隻体制になり海洋進出を進める中国海軍への対応が期待されているが、陸上配備型迎撃システム「イージス・アショア」断念によりあまり余裕はないのが現状だ。

ただ必ずしも全部打ち落とせる必要はないとの意見もある。[147] 限定的なミサイル攻撃を阻止する能力を備えれば、相手は飽和攻撃で突破を目指すことが予想される。そうなると本格的な攻撃とみなして圧倒的な報復に遭うリスクが増す。よって抑止力となるとの考えだ。一方で、防御一辺倒では対応不能という認識は一般的になりつつある。

†懲罰的抑止と拒否的抑止

「抑止」戦略は、相手が攻撃を仕掛けたり、攻撃する兆候を見せたりした場合、それを無力化し、報復する姿勢を示すことで攻撃そのものを思いとどまらせる概念をいい、「懲罰的抑止」と「拒否的抑止」の二つに大別される。「懲罰的抑止」は耐え難い報復を与える攻撃能力を備えることで敵を威嚇して攻撃を思いとどまらせる考えだ。核抑止はまさにこれに当たる。米国とソ連はひとたび戦争となれば互いを完全に破壊できる核戦力を持ち合う「相互確証破壊（MAD）」による均衡を目指した。一方、「拒否的抑止」は相手の攻撃を阻止したり、損害を限定したりする能力を持つことで、相手に攻撃の効果が低いこと認識させて抑止する。ミサイル基地などへの先制攻撃（予防攻撃）能力やミサイル防衛がこれに当たる。

各国は懲罰的抑止力と拒否的抑止力を組み合わせて国防力を構築している。前項で紹介した韓国の3軸体系、①キル・チェーン、②ミサイル防衛、③大量反撃報復を例にとれば、①②は拒否的抑止、③は懲罰的抑止に当たる。日本の防衛政策は戦後、拒否的抑止に重点を置いてきた。

「核共有」論

先述した通り中国が北朝鮮核問題を重視する理由は日韓、台湾への核のドミノを警戒するためだ。日本にいると現実感はないが、米中は現実の可能性として警戒している。中国共産党関係者は「北朝鮮の核が中国に向けられるというシナリオは心配していない。北朝鮮の核武装が日韓の核武装につながることが最悪のシナリオだ」と語る。6カ国協議の停滞を巡り、当時韓国外務省の高官は「中国を本気にさせるために日本でもっと核武装論を盛り上げるべきだ」とも語っていた。日本世論調査会が2021年6〜7月に実施した調査では、核兵器禁止条約に「参加するべきだ」とした人が71％、被爆者らが求めるオブザーバー参加を求める声も85％だった。韓国とは対照的に、広島、長崎の原爆被害を経験した日本では依然として核に対する拒絶反応が強い。しかし、日本政府内でも脈々と「核武装オプションは保持すべきだ」との考えは受け継がれている。

「核は保有しない、核は製造もしない、核を持ち込まないというこの核に対する三原則、その平和憲法のもと、この核に対する三原則のもと、そのもとにおいて日本の安全はどうしたらいいのか、これが私に課せられた責任でございます」。1967年に衆議院予算委員会で佐藤栄作首相は「核を持たず、つくらず、持ち込ませず」の非核三原則を提唱。日本政府はこれを「国是」とし、歴代首相も広島、長崎の原爆の日の式典などでその堅持を誓う。しかし法制化には動こうとしない。日本に「核の傘」を差し掛ける軍事同盟国米国との関係上、「持ち込み」の余地を残しているとの見方もある。2011年の東日本大震災で原子力発電の将来について政府内でヒアリングした際、外務省内では核武装オプションとしての原発を維持すべきだとの意見が出されたという。

防衛省高官はウクライナの状況を引き合いに出し、日本の核武装を検討すべきだとの持論を語る。安倍晋三元首相が米国の核兵器を自国領土内に配備して共同運用する「核共有」政策について日本でも議論すべきだとの考えを公言した例を引くまでもなく、安保政策担当の当局者の間でこうした問題設定はタブーでなくなりつつある。

日本の核武装を懸念するのは中国だけではない。米国にとって被爆国日本、そして韓国もある意味では抑止の対象だ。「米国の抑止力を他国に拡大することで、その国々に対して自前の核能力開発への代替策を提供することになる」。2013年7月30日、戦略軍司令官に指名されたヘイニー太平洋艦隊司令官は米上院軍事委員会でこう証言。「核の傘」が日本など同盟国の核武装阻止にも役立っているとの認識を示した。

†はやぶさ2と弾道ミサイル

防衛省内では弾道ミサイル保有の是非をめぐる議論も始まっている。外務省幹部も、トランプ政権が2017年、地中海の米海軍駆逐艦からトマホーク59発を発射し、シリア空軍基地を攻撃した際、数日もたたずに復旧されたことを挙げ「破壊力という点では弾道ミサイルが勝る。当然検討すべき選択肢の一つだ」と語る。日本は自前のロケットで多数の人工衛星を打ち上げ、探査機「はやぶさ2」は小惑星りゅうぐうの砂が入ったカプセルを無事地上に送り届けた。ロケットと大気圏再突入技術という弾道ミサイルに必要な産業基盤と技術を有しており、その気になればあっという間につくれそうに思える。米専門家らの間では、例えばJAXAの固体燃料ロケット「イプシロン」は1カ月内にICBMに転用可能などと言われている。

だが、話はそう簡単ではないのだという。はやぶさ2のカプセルは途中でパラシュートを開いて減速、落下地点は100キロ程度の誤差があり得る。減速せずに落下する弾頭を軍事目標に誘導しながら正確に命中させるのとは大きな違いがある。宇宙空間での姿勢制御も容易でない。きわめて原始的な弾道ミサイルならつくれても、信頼性の高いものをつくろうとすれば発射実験も不可欠だ。そもそも軍事的には弾道ミサイルは核搭載を目的に開発されたものだ。ウクライナ戦争をみても通常弾頭の弾道ミサイルは戦術兵器として費用対効果が見合わないとも言われる。日本が弾道ミサイルを持てば、核武装への疑念を持たれるのは間違いない。原子力発電のための核燃料サイクルは核兵器の原料となるプルトニウムや高濃縮ウランの製造基盤となりうる。米国をはじめ各国が日本の核保有を警戒してきたことは既に述べた。弾道ミサイル保有による「潜在的核武装」が抑止効果を生むとの議論もあるが、軍拡競争や緊張激化を招来する恐れが大きい。

✝攻めの同盟

「世界は変わった。テロ組織への対処に加え、激しさを増す他国との競争に再び直面している。中国とロシアだ。宇宙やサイバー、そのほか極超音速といった新たな分野への投資が必要になる。国家安全保障への史上最大級の投資だ。気に入らない人もいるだろうが、われわれはこれまでと違う世界に生きているのだ」

バイデン米大統領は3月28日、2023会計年度の予算演説でこう訴えた。国防予算は過去最大規模となる前年度比4％増の8133億ドル（約101兆円）に膨らんだ。日本も防衛費と関連予算を合わせ27年度にGDP比2％に引き上げることを決めた。ストックホルム国際平和研究所（SIPRI）によると、21年の日本の防衛費は世界第9位だが、上位国の支出が横ばいであれば、インドを抜いて米国と中国に次ぐ予算規模3位となる可能性がある。

バイデン政権は岸田政権による安保関連3文書改訂、とりわけ「反撃能力」保有決断を歓迎している。「米国と日本はプロテクション（守り）の同盟からプロジェクション（投射）の同盟へと進化している」。ラーム・エマニュエル駐日米大使が好んで使う言い回しだ。在日米大使館は日本語に翻訳する場合は、「守りの同盟から攻めの同盟へ」と表現している。必ずしも軍事に限った話ではなく、民主主義や「自由で開かれたインド太平洋」といった価値観、経済的な取り組みも踏まえたものだが、米国が日米安保同盟に何を期待しているのかを象徴する表現だ。「盾と矛」にたとえられた関係は変わり、米側の「反撃能力」への期待は高いが、国民的議論が追いついているとはいいがたい。

国家安全保障戦略は、防衛力の抜本的な強化が「我が国に望ましい安保環境を能動的に創出するための地歩を固めるものとなる」と強調した。朝鮮半島と台湾というホットスポットを抱える東アジアにおいて、民主主義と市場経済を共にする韓国との意思疎通、連携強化がこれまで以上に重要になっているのは論を俟たない。

終　章
終末時計の残り時間

平壌の金日成広場で行われた軍事パレードに登場した新型固体燃料ICBM
（朝鮮通信=共同、2023年2月8日）

†7回目の核実験

本書執筆時点で北朝鮮による7回目の核実験は行われていない。米国家情報会議の北朝鮮担当情報官シドニー・サイラーは米シンクタンク、戦略国際問題研究所（CSIS）のプログラムで、北朝鮮の兵器実験の動機を分析する上で「4つのD」を挙げた[148]。それぞれ筆者なりの解釈を以下に記す。

①開発上の必要性（development need）兵器開発を進める上で設計通りに機能するのか確かめ、データを収集する必要がある。開発陣は当然、実験したいはずである。

②実証・示威の必要性（demonstration need）兵器が抑止力を発揮するためには、それが実在し、機能することを敵方に示すことが必要だ。北朝鮮のICBMが機能するかどうかについて米当局者はよく「再突入能力を実証していない」と指摘する。

③外交上の必要性（diplomatic need）兵器実験は外交上の損得も考慮に入れるだろう。米国を動かす効果があるか、中国は許容するか。関係国の政治日程もにらみながら最大限の効果を発揮するタイミングを計る。

④内政上の必要性（domestic need）核・ミサイル開発は金正恩の業績として国内向けにも宣伝され、統治を正当化する上で不可欠のものとなっている。経済的な成果が上がらなければ軍

事的な成果を強調しようとするかもしれないし、緊張を高めて内部結束を強めることに利用することも考えられる。

金正恩はこれらの要素を勘案し、核実験を行うのかどうか決めるのであろう。党大会で言及した超大型核弾頭か、戦術核か、またはその両方か——。さまざまな可能性があるが、開発上の必要性に照らせば、戦術核を試すとの見方が多い。その場合、低出力であるがゆえに過去の核実験より爆発規模は格段に小さいことが予想される。日本政府関係者は「核爆発であることを示すため、わざと少量の放射性物質を漏出させることも考えられる」と警戒する。ただ、過去6回の地下核実験で大気中への放射性物質漏出は極めて微量で、北朝鮮も「周囲の生態環境に何の否定的影響も与えなかった」と安全性を強調してきた。中国との関係を考えると話はそう簡単ではない。

†15年計画

「今後15年前後ですべての人民が幸福を享受し、隆盛繁栄する社会主義強国を打ち立てようと思います」。金正恩は2021年4月末に平壌で3日間にわたり開催された青年組織「金日成・金正日主義青年同盟」第10回大会（最終日「社会主義愛国青年同盟」に改称）に宛てた書簡でこう記した。15年後と言えば2036年。中国共産党の習近平総書記が2017年の党大会で打ち出した「2035年までに社会主義現代化を基本的に実現する」との国家目標にオーバーラップするかのようだ。1984年生まれとされる金正恩はそのころ50代になっている。体制内で定式化されているわけではなさそうだが、金正恩が中国との協力関係まで織り込んだ長期戦略を練っていることを示唆している。

北朝鮮がこれからどんな道を進もうとしているのか、周辺国は北朝鮮を核放棄へと導くことができるのか。国連制裁による封鎖措置は核・ミサイル開発のペースをいくらか遅らせたのかもしれないが、結局のところ核保有を阻止することはできなかった。制裁だけによって放棄を迫ることはまず無理だろう。軍事オプションはコストが大きすぎる。いかに困難に見えても北朝鮮の暴発を抑止しながら、外交解決を目指す以外にない。

ひそかに製造した核兵器を自ら放棄した南アフリカの故デクラーク元大統領は米朝の軍事緊張が高まった2017年、米アトランティック誌とのインタビューで、金正恩に核放棄の意思があるかは疑わしいとしながらも「敵対する者同士が対話してこそ平和を達成でき、新たな秩序に合意できる。対話がなければより深刻な衝突に引き込まれる」と語った。不測の事態、誤認と誤解によるエスカレーションを避けるために何よりも対話が必要であることは言を俟たない。しかし、金正恩が核放棄に応じる理由は残念ながらいまのところ見当たらない。体制の保証を約束しても核に勝る保証はないと考えるだろう。

米国、中国、ロシアをはじめ核大国が核に安全の担保を求め、その高度化にしのぎを削っている状況で北朝鮮にとって「核を持たない方がより安全だ」とのレトリックは説得力に乏しい。ウクライナ侵攻後、プーチンが核の威嚇に依存を深めている現状ではなおさらである。敵対国の行動を分析し、将来を予測する上で重要なのは相手の視点に立ち、相手の論理でものを考えてみることだが、こと核戦略に関しては、北朝鮮は米ロをはじめ先行核保有国の戦略、戦術を徹底的に研究し、援用している。北朝鮮を「ならず者」「異端」として切り離すことはできないのが現実だ。さらに北朝鮮の内政においても、核は独裁者の統治を正当化する業績として金正恩体制と不可分の装置となっている。

かつてトランプが「狂った男」と評した金正恩。米情報当局では、「合理的アクター」との評価が定着しているが、最高指導者に就いた直後に垣間見せた開放志向はその後影を潜めてしまった。

†ファミリービジネス

金正恩は2022年9月の最高人民会議での施政演説で国防がすべてに優先すると語った。「いったい時間は（米朝）どちらの味方か」とも語っており、金正恩が2024年の米大統領選の先を見据えているのは間違いない。本書執筆時点で、韓国統一省の情報に基づけば金正恩は39歳。金日成が朝鮮戦争を始めたときと同年代である。

北朝鮮は2020年、韓国の脱北者団体による北朝鮮へのビラ散布に強く反発し、南西部開城の南北共同連絡事務所を爆破するなど激しい報復措置を取り、その先頭に金与正が立った。中国人研究者、趙通（米カーネギー国際平和財団シニアフェロー）は「金王朝に疑いを抱かせるような外部からの情報流入を決して許さないことを示した。中国政府当局者や専門家の間では金正恩が経済発展を重視し、徐々に一族支配から脱却して改革開放に動くと期待する向きもあったが、妹の重用はむしろ逆の動きだ」と指摘する。金正恩は22年11月、新型ICBM「火星17」の発射実験や開発陣との記念撮影に娘を同行させた。北朝鮮メディアは「尊貴なお子様」「最愛のお子様」などの敬称をつけ、父親と手をつないだり腕を組んだりした少女の写真を公開。国防科学院のミサイル部門の科学者が火星17発射成功を受けて金正恩に宛てた書簡で「今後も変わらず白頭の血統だけに従い、最後まで忠実であり続ける」と忠誠を誓ったと伝えた。

金正恩は李雪主夫人との間に3人の子どもがいるとされるが、公式に存在が報じられたのは初めてだ。韓国国家情報院は13年初めごろに生まれた第2子「ジュエ」とみている。23年2月8日の朝鮮人民軍創建75年の軍事パレードでは金正恩と共にひな壇に上がり、金正恩の最側近の党組織担当書記、趙甬元らが「尊敬するお子様」を案内した。破格の扱いに韓国の専門家からは後継者内定説も出るが、判断するのはまだ早いだろう。国家情報院は金正恩の第一子は男、第三子は性別不明としている。娘が後継者であるかどうかはともかく、4代世襲への布石と見る向きは多い。

一方で娘をICBM発射視察に同行させたのは「子どもの世代も核で守るというメッセージ」だとの分析はうなずける。金正恩は初の米朝首脳会談を行った18年当時「子どもの世代には核の重荷を背負わせたくない」と語ったとされるが、もはや無効だということになる。核・ミサイル開発を国内向けに正当化する狙いも指摘される。

父、金正日が旧共産圏崩壊を背景にした1990年代の経済危機を軍中心の「先軍」政治で切り抜けようとしたのに対し、金正恩は党中心の中央集権体制の立て直しを図るが、経済状況は厳しさを増している。韓国の尹錫悦政権は北朝鮮で23年に入り餓死者が続出していると主張している。チャンマダン（自由市場）での穀物売買禁止など統制強化が市民の食料事情悪化に拍車をかけているとされる。軌道修正しなければ、流通の失敗で犠牲を拡大させた金正日の轍を踏みかねない。

†北京の外交ルート

核保有に生き残りを懸ける北朝鮮の独裁体制に対し、定期的に政治指導者が交代する民主主義国家が安全を保証するのは、どだい問題設定からして無理があるのかもしれない。だが、北朝鮮が核兵器を保有してしまった現実は変わらない。放棄させる手だてがすぐに見つからないのであれば、使わせない手だてを考えるしかないであろう。

ボブ・ウッドワードとワシントン・ポスト記者ロバート・コスタとの共著『PERIL（危機）』は国家間の安定が時に1本の電話で保たれることを示すエピソードを紹介している。米大統領選直前の２０２０年10月末、米軍制服組トップ、統合参謀本部議長のマーク・ミリーは中国人民解放軍統合参謀部参謀長、李作成に電話をかけ、「中国を攻撃することはない。もし攻撃するなら事前に連絡する」と告げた。自暴自棄のトランプが危機をつくり出して再選を勝ち取るため、ひそかに対中攻撃を計画していると中国が信じているとの情報がもたらされたからだ。連邦議事堂襲撃事件後の２０２１年1月にも同様のやりとりがあったとされる。中国は北朝鮮とは比べものにならない質、量の核兵器を保有し、かつ軍事力の投射能力も大きい。ミリーもだからこそ動いたのだろう。

米朝の間でこうしたコミュニケーションが成立しうるのかは明らかではない。米朝の連絡窓口としては国連代表部を通じた「ニューヨーク・チャンネル」があるが、一刻を争う軍事的な緊張状態に対応するのは困難だろう。

日本と北朝鮮は国交がない。政府は「日朝平壌宣言（２００２年）に基づき拉致、核、ミサイル問題を包括的に解決し、国交正常化を実現する」と繰り返すが、政府間協議が途絶えて久しい。北朝鮮が弾道ミサイルを発射するたびに官房長官は「北京の外交ルートを通じて北朝鮮に抗議した」と発表する。実態は日本大使館の書記官がファクスで抗議文書を送った上で、確認の電話を入れるだけで、実質的なコミュニケーションが成立しているとは言いがたい。陸海空自衛隊から派遣されている3人の防衛駐在官も各国武官団とのパーティーなどで偶然一緒にならない限り、北朝鮮の武官との接触はない。

防衛白書の言う通り、北朝鮮が日本に核攻撃を加えることができるようになったとすれば、日本の安全保障環境は根本的に変わったことを意味する。金正恩が米軍や周辺国の動きを見て体制存続に危機感を覚えたとき、どのような行動に出るのか、確信を持って予想できる者はいないだろう。威嚇と真の意図、能力のずれを見誤れば抑止関係は破綻する。日本人拉致問題の解決のためだけではなく、安全保障上も日朝間の意思疎通の回復が不可欠だ。互いの誤解による、本来必要のないエスカレーションを避けるためのコミュニケーションネットワークを維持することが求められる。

†考えられないことを考える

『博士の異常な愛情』の脚本づくりにも協力した米国の未来学者、故ハーマン・カーンは1962年の著書『考えられないことを考える』で、抑止が崩れて核戦争となるさまざまなシナリオを冷徹に分析した。執筆したのは同年10月のキューバ危機の前だが、当時、核戦争のシナリオを語ること自体が核の使用容認につながるとして批判する人々も多かったという。60年がたった現在、核兵器技術の拡散と高度化により戦術核の限定使用が現実味を持って語られている。本書は北朝鮮による核兵器使用という「考えられないことを考える」ことを試みた。

米誌『ブレティン・オブ・ジ・アトミック・サイエンティスツ』は２０２３年1月、人類滅亡を午前０時に見立てた「終末時計」の残り時間を、１９４７年の創設以来最短の「90秒」と発表した。前年までの残り１００秒がさらに10秒進んでしまった。最大の理由は言うまでもなくロシアによるウクライナ侵攻である。プーチンのあからさまな核による威嚇は、私たちが思うほどに核使用の敷居が高くないのかもしれないことを思い知らせた。同誌はウクライナ戦争が「誰にもコントロール不能な状況に陥る可能性は依然として高い」と警鐘を鳴らした。人類が気候変動や新型コロナウイルスによるパンデミックの脅威にさらされる中でも米中ロは核兵器の近代化に邁進し、頭上の宇宙も軍拡競争の舞台となっている。北朝鮮の非核化もいまは考えられないことのように思えるが、そこで思考停止すれば東アジア情勢が時計の針を進めてしまう。日米韓の安保協力が真に抑止力として機能し、外交の余地をもたらすにはどうしたらよいのか。今後の論考の課題としたい。

あとがき

２０２１年秋に単身赴任先の北京から帰国した。新型コロナウイルス禍のため中朝どころか、日中の往来もままならなくなり、東京の妻子とは約１年半ぶりの再会だった。落ち着いたところで本書に取り組もうとした矢先、ロシアがウクライナに侵攻した。筆者が所属する共同通信社外信部も総がかりの対応となり、執筆は時に中断せざるをえなかったが、北朝鮮の核をより広い文脈でとらえなおす機会ともなった。

執筆に当たっては数えきれないほど多くの方々のお世話になった。早稲田大学大学院の李鍾元（リージョン ウォン）教授と慶応大学の礒崎敦仁（いそざきあつひと）教授には多忙にもかかわらず、筆者の理解不足や多くの誤りを指摘していただいた。背中を押してくれた先輩、貴重な知見を共有してくれた同僚や後輩にも感謝したい。忍耐強く的確なアドバイスで導いてくれた筑摩書房編集部の松本良次さんにはお礼の言いようもない。いつも和ませてくれる妻と小学生の長男の支えなしに本書が世に出ることはなかった。なお本書の見解は共同通信とは一切関係なく、ひとえに筆者が文責を負うものである。

２０２３年３月

最高人民会議法令「自衛的核保有国の地位をより強固にすることについて」（2013年4月1日採択）

朝鮮民主主義人民共和国は、いかなる侵略勢力も一撃で撃退し、社会主義制度を堅固に守り、人民の幸福な生活を確固として保証できる堂々たる核保有国家だ。自主的で正義あふれる核武力を持つに至ったことで、わが共和国は外部勢力のあらゆる侵略と干渉を受けてきた受難の歴史に永遠に終止符を打ち、何びとも決して手出しのできない主体（チュチェ）の社会主義強国として世界に光を放つことになった。

朝鮮民主主義人民共和国最高人民会議は核保有国の地位をより強固にするため次のように決定する。

1．朝鮮民主主義人民共和国の核兵器は、わが共和国に対する米国の持続的に増大する敵視政策と核の脅威に対処してやむを得ず保有することになった正当な防衛手段である。

2．朝鮮民主主義人民共和国の核武力は、世界の非核化が実現される時まで、わが共和国に対する侵略と攻撃を抑止、撃退し、侵略の本拠地に対するせん滅的な報復攻撃を加えることに服する。

3．朝鮮民主主義人民共和国は、増大する敵対勢力の侵略と攻撃の危険の重大さに備えて核抑止力と核報復打撃力を質・量的に強化するための実際的な対策を講じる。

4．朝鮮民主主義人民共和国の核兵器は、敵対的な他の核保有国がわが共和国を侵略したり、攻撃したりする場合、それを撃退し、報復打撃を加えるために朝鮮人民軍最高司令官の最終命令によってのみ使用することができる。

5．朝鮮民主主義人民共和国は、敵対的な核保有国と結託してわが共和国に対する侵略や攻撃行為に加担しない限り、非核国に対して核兵器を使用したり、核兵器で威嚇したりしない。

6．朝鮮民主主義人民共和国は、核兵器の安全な保管管理、核実験の安全性保障に関する規定を厳格に順守する。

7．朝鮮民主主義人民共和国は核兵器やその技術、兵器級核物質が不法に漏出しないことを徹底的に保証するための保管管理体系と秩序を立てる。
8．朝鮮民主主義人民共和国は敵対的な核保有国との敵対関係が解消されるに従って相互尊重と平等の原則に基づいて核拡散防止と核物質の安全な管理のための国際的な努力に協力する。
9．朝鮮民主主義人民共和国は核戦争の危険を解消し、究極的に核兵器のない世界を建設するために闘い、核軍備競争に反対し、核軍縮のための国際的な努力を積極的に支持する。
10．当該の機関は、この法令を執行するための実務的対策を徹底的に立てる。

最高人民会議法令「朝鮮民主主義人民共和国核武力政策について」（2022年9月8日採択）

朝鮮民主主義人民共和国は責任ある核兵器保有国として核戦争をはじめとするあらゆる形態の戦争に反対し、国際的正義が実現した平和な世界の建設を志向する。

朝鮮民主主義人民共和国の核武力は、国家の主権と領土保全、根本利益を守護し、朝鮮半島と東北アジア地域で戦争を防止し、世界の戦略的安定を保障する威力ある手段である。

朝鮮民主主義人民共和国の核態勢は、現存し、進化する未来のすべての核脅威に能動的に対処できる頼もしく効果的で成熟した核抑止力と、防衛的かつ責任ある核武力政策、伸縮性があり目的志向性がある核兵器の使用戦略によって保証される。

朝鮮民主主義人民共和国が自己の核武力政策を公開し、核兵器使用を法的に規定するのは、核兵器保有国間の誤判と核兵器の乱用を防ぐことで、核戦争の危険を最大限に減らすことに目的を置いている。

朝鮮民主主義人民共和国最高人民会議は、国家防衛力の中枢である核武力がその重大な使命を責任持って遂行するために、次のように決定する。

1．核武力の使命

朝鮮民主主義人民共和国の核武力は、外部の軍事的脅威と侵略、攻撃から国家主権と領土保全、人民の生命安全を守る国家防衛の基本的力量である。

①朝鮮民主主義人民共和国の核武力は、敵対勢力に朝鮮民主主義人民共和国との軍事的対決は破滅を招くということをはっきり認識させ、侵略と攻撃企図を放棄させることで、戦争を抑止することを基本使命とする。

②朝鮮民主主義人民共和国の核武力は、戦争抑止が失敗した場合、敵対勢力の侵略と攻撃を撃退し、戦争の決定的勝利を達成するための作戦的使命を遂行する。

2．核武力の構成

朝鮮民主主義人民共和国の核武力は、各種の核爆弾と運搬手段、指揮およびコントロールシステム、その運用と更新のためのすべての人員と装備、施設で構成される。

3．核武力に対する指揮統制

①朝鮮民主主義人民共和国の核武力は、朝鮮民主主義人民共和国国務委員長の唯一の指揮に服従する。

②朝鮮民主主義人民共和国国務委員長は、核兵器に関するすべての決定権を持つ。朝鮮民主主義人民共和国国務委員長が任命するメンバーで構成された国家核武力指揮機構は核兵器に関連した決定から執行に至る全過程で朝鮮民主主義人民共和国国務委員長を補佐する。

③国家核武力に対する指揮統制体系が敵対勢力の攻撃によって危険に瀕した場合、事前に決めた作戦計画に従って挑発原点と指揮部をはじめとする敵対勢力を壊滅させるための核打撃が自動的に即時断行される。

4．核兵器使用決定の執行

朝鮮民主主義人民共和国の核武力は、核兵器使用命令を即時執行する。

5．核兵器の使用原則

①朝鮮民主主義人民共和国は、国家と人民の安全を重大に脅かす外部の侵略と攻撃に対処して最後の手段として核兵器を使用することを基本原則とする。

②朝鮮民主主義人民共和国は、非核国家が他の核兵器保有国と結託して朝鮮民主主義人民共和国に対する侵略や攻撃行為に加担しない限り、これらの国を相手に核兵器で威嚇したり、核兵器を使用したりしない。

6．核兵器の使用条件

朝鮮民主主義人民共和国は次の場合、核兵器を使用することができる。

①朝鮮民主主義人民共和国に対する核兵器、またはその他の大量殺りく兵器による攻撃が強行された場合、または差し迫ったと判断される場合。

②国家指導部と国家核武力指揮機構に対する敵対勢力の核および非核攻撃が強行された場合、または差し迫ったと判断される場合。

③国家の重要戦略的対象に対する致命的な軍事的攻撃が強行された場合、または差し迫ったと判断される場合。

④有事に戦争の拡大と長期化を防ぎ、戦争の主導権を掌握するための作戦上の必要が不可避に提起される場合。

⑤その他の国家の存立と人民の生命安全に破局的な危機を招く事態が発生して核兵器で対応せざるを得ない不可避な状況が醸成された場合。

7．核武力の経常的な動員態勢

朝鮮民主主義人民共和国の核武力は、核兵器の使用命令が下達されれば、任意の条件と環境でも即時に執行することができるよう経常的な動員態勢を維持する。

8．核兵器の安全な維持管理および保護

①朝鮮民主主義人民共和国は、核兵器の保管管理、寿命と性能の評価、更新および廃棄のすべての工程が行政的・技術的規定と法的手続き通りに行われるように、徹底して安全な核兵器保管管理制度を樹立し、その履行を保証する。

②朝鮮民主主義人民共和国は、核兵器と関連技術、設備、核物質などが漏出しないよう徹底した保護対策を立てる。

9．核武力の質・量的強化と更新

①朝鮮民主主義人民共和国は、外部の核脅威と国際的な核武力態勢の変化を恒常的に評価し、それに応じて核武力を質・量的に更新、強化する。

②朝鮮民主主義人民共和国は、核武力が自己の使命を頼もしく遂行できるようにさまざまな状況に応じた核兵器の使用戦略を定期的に更新する。

10．拡散防止

朝鮮民主主義人民共和国は、責任ある核兵器保有国として核兵器を他国の領土に配備したり共有したりせず、核兵器と関連技術、設備、兵器級の核物質を移転しない。

11．その他

①2013年4月1日に採択された朝鮮民主主義人民共和国最高人民会議の法令「自衛的核保有国の地位をより強固にすることについて」の効力をなくす。

②当該機関は法令を執行するための実務的対策を徹底的に立てる。

③この法令の任意の条項も朝鮮民主主義人民共和国の正当な自衛権行使を拘束したり、制限したりするものとして解釈されない。

註

[1] "A Conversation with General John Hyten, Vice Chairman of the Joint Chiefs of Staff", CSIS, 2020.1.21
https://www.csis.org/analysis/conversation-general-john-hyten-vice-chairman-joint-chiefs-staff

[2] 韓国政府は北朝鮮が2022年、弾道ミサイル69発を発射、このうち8発がICBMだったと分析している。高度が低く日本がレーダーで確認できなかったミサイルが含まれている。

[3] 原子力潜水艦は攻撃型原潜（SSN）と戦略ミサイル原潜（SSBN）に大別される。SSNは敵の潜水艦や艦船、地上目標の攻撃を任務とし、対潜ミサイルや巡航ミサイルを搭載、偵察活動や特殊部隊の移送に従事することもある。SSBNは長射程の弾道ミサイルを搭載し、戦略核を運用。前線には出ず、自国近海に潜んでいることが多いとされる。米海軍のオハイオ級戦略原潜（14隻）の場合、通常77日間の作戦後、港に戻り補給やメンテナンスのため35日を費やす。

[4] 核拡散防止条約（NPT）は1970年発効、第2次大戦の戦勝国でもある米ロ英仏中の5カ国を特権的に核兵器国と定め、他国の核保有を禁じている。核保有国を含むすべての締約国に「誠実に核軍縮交渉を行う義務」を課す一方、原子力の平和的利用は「奪い得ない権利」と規定。190カ国・1地域が加盟（2023年1月時点、北朝鮮を含む）。事実上の核保有国のインドとパキスタン、イスラエルは非加盟、北朝鮮は2003年に脱退を一方的に表明した。核軍縮停滞に非保有国の批判が高まり、2021年1月に核兵器の全面違法化、廃絶を目指す核兵器禁止条約が発効したが、5カ国は反発、日本も参加していない。

[5] Bill Gertz, "North Korea Building Missile Submarine," Washington Free Beacon, 2014.8.26
https://freebeacon.com/national-security/north-korea-building-missile-submarine

[6] "SIPRI Yearbook 2022: Armaments, Disarmament and Inter-

national Security (Summary)," SIPRI, 2022.
https://www.sipri.org/sites/default/files/2022-06/yb22_summary_en_v2.pdf

7 U. S. Department of the Army, "ATP 7-100.2 North Korean Tactics," July 2020, p[1-11]
https://irp.fas.org/doddir/army/atp7-100-2.pdf

8 박용한,이상규「북한의 핵탄두 수량 추계와 전망」,『동북아 안보정세분석』, 한국국방연구원 (KIDA), 2023.1.11

9 IAEA, "IAEA Safeguards Glossary 2001 Edition, International Nuclear Verification Series No. 3," IAEA, 2002; 38 North, "Estimating North Korea's Nuclear Stockpiles: An Interview with Siegfried Hecker," 2021.4.30.

10 6カ国協議は、北朝鮮の核問題解決を目指す多国間協議。北朝鮮、米国のほか、中国、ロシア、韓国、日本がメンバーで、中国が議長国。2002年の核問題再燃を受け03年8月に北京で初会合を開いた。05年9月には共同声明を採択し、この中で北朝鮮は核放棄を確約、米国は北朝鮮を攻撃する意思はないと表明し、米朝、日朝関係正常化へ向けた措置も確認されたが、非核化の検証方法を巡る対立が解けず、08年12月の首席代表会合を最後に中断した。日本外務省は「6者会合」と呼んでいる。

11 Siegfried S. Hecker, "The North Korean Nuclear Question Revisited: Facts, Myths and Uncertainties," Global Asia, Vol. 16, No. 3, 2021.9. pp28-33.
https://globalasia.org/v16no3/cover/the-north-korean-nuclear-question-revisited-facts-myths-and-uncertainties_siegfried-s-hecker

12 弾道ミサイルは、1000km未満を短距離弾道ミサイル (SRBM)、1000km以上3000km未満を準中距離弾道ミサイル (MRBM)、3000km以上5500km未満を中距離弾道ミサイル (IRBM)、5500km以上を大陸間弾道ミサイル (ICBM) と区別される。日本のメディアではMRBM、IRBMをまとめて中距離と表記することも多い。潜水艦から発射されるミサイルは射程に関係なく潜水艦発射弾道ミサイル (SLBM) と呼ばれる。

[13] 1979年に米ソが調印した第２次戦略兵器制限条約（SALTII）はICBMの定義について次のように規定した。
"Intercontinental ballistic missile (ICBM) launchers are land-based launchers of ballistic missiles capable of a range in excess of the shortest distance between the northeastern border of the continental part of the territory of the United States of America and the northwestern border of the continental part of the territory of the Union of Soviet Socialist Republics, that is, a range in excess of 5,500 kilometers."
https://2009-2017.state.gov/t/isn/5195.htm#treaty

[14] 福島康仁「宇宙の軍事利用における新たな潮流――米国の戦闘作戦における宇宙利用の活発化とその意義」『KEIO SFC JOURNAL』Vol. 15、No. 2, 2016.3

[15] Todd Harrison et al., CSIS, "Space Threat 2018: North Korea Assessment 2018," CSIS, 2018.4, pp. 19-21
https://aerospace.csis.org/wp-content/uploads/2018/04/Harrison_SpaceThreatAssessment_FULL_WEB.pdf

[16] "The President's News Conference", Harry S. Truman Library & Museum 1950.11.30
https://www.trumanlibrary.gov/library/public-papers/295/presidents-news-conference

[17] 米軍は1945年８月６日、ウラン型原子爆弾「リトルボーイ」（TNT16キロトン）を広島市に投下。強烈な熱線や爆風、放射線により、広範囲にわたって街は壊滅、人口約35万人のうち同年末までに推計約14万人が死亡した。８月９日にはプルトニウム型原爆「ファットマン」（同21キロトン）を長崎市に投下。山に挟まれた南北に長い谷状の地域を壊滅させ、人口約24万人のうち同年末までに推計約７万4000人が死亡した。（参照資料：『原子爆弾による長崎・広島被害の比較』長崎市の公式サイト「ながさきの平和」
https://nagasakipeace.jp/content/files/minimini/japanese/j_gaiyou.pdf

[18] 宮本悟「北朝鮮における最高指導者の交代と核問題をめぐる対

米外交政策の変化」『聖学院大学論叢』第27巻第1号、2014年10月、3頁

[19] 沈志華（朱建栄訳）『最後の「天朝」――毛沢東・金日成時代の中国と北朝鮮　上』岩波書店、2016年、144頁

[20] ブルース・カミングス（杉田米行監訳）『北朝鮮とアメリカ　確執の半世紀』明石書店、2004年、52―58頁、Bruce Cumings, "SPRING THAW FOR KOREA'S COLD WAR?", Bulletin of Atomic Scientists, April 1992, pp.17-19.

[21] 李鍾元「朝鮮半島核危機の前史と起源――冷戦からポスト冷戦への転換を中心に」『アジア太平洋討究』NO. 44 2022.3

[22] Hans M. Kristensen & Robert S. Norris, A history of US nuclear weapons in South Korea, Bulletin of the Atomic Scientists, 2017 VOL. 73, NO. 6, pp.349-357
https://www.tandfonline.com/doi/pdf/10.1080/00963402.2017.1388656?needAccess=true

[23] Peter Hayes, Pacific Powderkeg: American Nuclear Dilemmas in Korea, Lexington Books, 1991
http://nautilus.org/wp-content/uploads/2011/04/PacificPowderkegbyPeterHayes.pdf 29頁

[24] Kristensen, 2017; 李鍾元、2022

[25] ドン・オーバードーファー、ロバート・カーリン（菱木一美訳）『二つのコリア　国際政治の中の朝鮮半島』第三版、共同通信社、2015年、265―266頁

[26] "2 U.S. Presidents Considered Attacking North Korea with Nuclear Weapons," The National Interest, 2017.9.26
https://nationalinterest.org/blog/the-buzz/2-us-presidents-considered-attacking-north-korea-nuclear-22472

[27] 1968年1月23日、米海軍情報収集船プエブロ号が北朝鮮元山沖の日本海で北朝鮮の軍艦に拿捕され、乗員約80人が拘束された。米国はベトナムへ向かう予定だった空母エンタープライズを日本海に展開。朝鮮半島情勢は緊迫したが、結局、米国が領海侵犯を認め謝罪、乗員は12月に解放された。プエブロ号は現在も平壌市内を流れる大同江に係留され、反米宣伝に使われている。

[28] "USS Pueblo: LBJ Considered Nuclear Weapons, Naval Blockade, Ground Attacks in Response to 1968 North Korean Seizure of Navy Vessel, Documents Show," National Security Archive Electronic Briefing Book No. 453, 2014.1.23
https://nsarchive2.gwu.edu//NSAEBB/NSAEBB453/

[29] Balazs Szalontai and Sergey Radchenko, "North Korea's Efforts to Acquire Nuclear Technology and Nuclear Weapons: Evidence from Russian and Hungarian Archives," COLD WAR INTERNATIONAL HISTORY PROJECT WORKING PAPER#53, 2006.8https://www.wilsoncenter.org/publication/north-koreas-efforts-to-acquire-nuclear-technology-and-nuclear-weapons-evidence-russian

[30] U.S. Defense Intelligence Agency (DIA), "North Korea Military Power: A Growing Regional and Global Threat," 2021, p2
https://www.dia.mil/Portals/110/Documents/News/NKMP.pdf

[31] 高英煥の米議会での証言。Ko Young-hwan, "North Korean Missime Proliferation", S. Hrg. 105-241, 1997. 10. 21
https://www.govinfo.gov/content/pkg/CHRG-105shrg44649/html/CHRG-105shrg44649.htm

[32] 伊藤亜人『北朝鮮人民の生活　脱北者の手記から読み解く実相』弘文堂、2017年、132—133頁

[33] 中川雅彦編『国際制裁と朝鮮社会主義経済』アジア経済研究所、2017年、49—50頁、이춘근『과학기술로 읽는 북한핵』생각의나무, 2005, pp.75-79

[34] オーバードーファー、カーリン、2015年、261頁

[35] 平岩俊司訳「金日成と軍事路線——四大軍事路線再考」法学研究 83 (12)、2010年12月、421—444頁

[36] 林幸秀『中国の宇宙開発』アドスリー、2019年、21頁

[37] 李升基『ある朝鮮人科学者の手記』未来社、1969年

[38] 이재승『북한을 움직이는 테크노크라트』일빛, 1998, pp139-156

[39] 聯合ニュース、2006年10月24日

[40] 軽水炉２基の出力合計は約2000メガワットで、これはソ連が提

供を約束しながら実行に移さなかった軽水炉計画とほぼ同じだった。1991年のソ連崩壊でついえた計画を米国との取引で埋め合わせた格好だ［李鍾元、2022］。

[41] 李正浩は1957年９月、北朝鮮東部江原道元山市生まれ。93〜97年、朝鮮労働党39号室の大興総局で船舶貿易会社社長。98〜2004年、大興総局貿易管理局長（次官級）。02年、北朝鮮最高級の栄誉とされる「労働英雄」称号を受ける。05年「大興貿易総会社」首席代表として中国・大連に赴任。07年、国防委員会傘下の「金剛経済開発総会社」（KKG）理事長。14年10月、家族と共に韓国に亡命。16年３月から米在住。

[42] 共同通信「強硬派喜ばせたウラン疑惑」2022年９月14日

[43] Uri Friedman, "Why One President Gave Up His Country's Nukes", The Atlantic, 2017.9.10
https://www.theatlantic.com/international/archive/2017/09/north-korea-south-africa/539265/

[44] 礒﨑敦仁、澤田克己『新版　北朝鮮入門』東洋経済新報社、2017年、４―５頁

[45] "Continental drift: Europe's shaky position in the world", The Brookings Institution, 2014.6.6
https://www.brookings.edu/wp-content/uploads/2014/05/20140606_europes_position_transcript.pdf

[46] ソ連の軍事顧問団が北朝鮮に駐留したのは、公式には北朝鮮建国直後の1948年12月から朝鮮戦争休戦の1953年７月まで。実際の最終的な撤退は1957年。

[47] Stephan Haggard, Tai Ming Cheung, "North Korea's nuclear and missile programs: Foreign absorption and domestic innovation," Journal of Strategic Studies, 2021, VOL. 44, NO. 6, pp.802–829

[48] "North Korea's Weapons Programmes: A Net Assessment," International Institute for Strategic Studies（IISS）, 2004

[49] Ibid.

[50] Bob Woodward, "Rage," Simon & Schuster, 2020, p175

[51] Pervez Musharraf, "In the Line of Fire: A Memoir," London:

Simon and Schuster, 2006, pp.286-294.

[52] David E. Sanger and William J. Broad "Pakistan May Have Aided North Korea A-Test", New York Times, 2004.2.27
https://www.nytimes.com/2004/02/27/world/pakistan-may-have-aided-north-korea-a-test.html

[53] NPT は第10条で、加盟国は条約に関連して「自国の至高の利益を危うくする異常な事態」が生じた場合は脱退できると規定。全加盟国や国連安全保障理事会に通知後3カ月で脱退が有効になると定めているが、関係機関は北朝鮮の脱退が成立したかどうかはあいまいにする措置を取っている。

[54] 윤덕민（尹徳敏）「북한의 탄도미사일 프로그램 평가」『주요국제문제분석』외교안보연구원, 2006.7.26

[55]『共同通信』「シリアで新型スカッド試射」2009年8月14日

[56]『共同通信』「イランがウラン原料密輸か」2010年2月28日

[57] "Report: Iran financed Syrian nuke plans," NBC NEWS, 2009.3.20（Source: The Associated Press）
https://www.nbcnews.com/id/wbna29777355

[58] "PM Netanyahu Statement on September 2007 Deir ez-Zor Operation," Prime Minister's Office, 2018.3.21
https://www.gov.il/en/departments/news/spoke_syria210318

[59]「BM25」との呼び方もある。旧ソ連の液体燃料型の潜水艦発射弾道ミサイル「R-27」（NATO コードネームは「SS-N-6」）を基に1990年代初めに開発に着手。韓国国防白書は2008年版で実戦配備されたと記したが、北朝鮮国内での発射実験が確認されたのは16年が初めて。イランにも部品が供給され、両国の共同プロジェクトの一つとなっていた可能性もある。
https://missilethreat.csis.org/missile/musudan/

[60] Michael Elleman, "The secret to North Korea's ICBM success," IISS, 2017.8.14
https://www.iiss.org/blogs/analysis/2017/08/north-korea-icbm-success

[61] United Nations, "Report of the Panel of Experts established

pursuant to Resolution 1874 (2009), S/2018/171," 2018.3.5, pp.10-11; William J. Broad and David E. Sanger, "North Korea's Missile Success Is Linked to Ukrainian Plant, Investigators Say" New York Times, 2017.8.14.

62 Andrew Higgins, "Two North Korean Spies, a Ukrainian Jail and a Murky Tale" The New York Times, 2017.9.28

63 『共同通信』「北朝鮮ミサイル部品供給か」2015年6月26日

64 TEL は Transporter, Erector, Launcher の略。防衛省は「発射台付き車両」と訳している。ミサイルを搭載して移動し、任意の場所において車両上で起立させ、そのまま発射するための車両。ロシアや中国が多用する。

65 Wesley Rahn, "What do we know about North Korea's missiles?" Deutsche Welle (DW), 2022.1.31

66 『Daily NK』2021年3月31日

67 Joshua H. Pollack and Scott LaFoy, "North Korea's International Scientific Collaborations: Their Scope, Scale, and Potential Dual-Use and Military Significance," James Martin Center for Nonproliferation Studies, December 2018, p1

68 Reuters, "Behind North Korea's nuclear weapons programme: a geriatric trio" JANUARY 8, 2016 https://www.reuters.com/article/northkorea-nuclear-trio-idINKBN0UL0YA20160108

69 米国の専門サイト "North Korea Leadership Watch" による。https://www.nkleadershipwatch.org/

70 Reuters, 2022.1.24

71 平岩俊司「金日成と軍事路線：四大軍事路線再考」『法学研究：法律・政治・社会』83 (12), pp.421-444, 2010年

72 DIA, 2021

73 SIPRI Military Expenditure Database https://milex.sipri.org/sipri

74 U.S. Department of State, "World Military Expenditures and Arms Transfers 2021 Edition", DECEMBER 30, 2021 https://www.state.gov/world-military-expenditures-and-arms-

transfers-2021-edition/

[75] DIA, 2021

[76] 韓国国防研究院が「国民の力」所属国会議員、申源湜（シンウオンシク）に示した資料。聯合ニュース、2022年6月9日
https://www.yna.co.kr/view/AKR20220609056500504?section=search

[77] DPRK, "Democratic People's Republic of Korea Voluntary National Review On the Implementation of the 2030 Agenda, for the Sustainable Development." 2021.6.
https://sustainabledevelopment.un.org/content/documents/282482021_VNR_Report_DPRK.pdf

[78] Ibid.

[79] 2021年3月6日の朝鮮中央通信は、朝鮮労働党の市・郡党責任書記を集めた講習会で金才龍組織指導部長が農村において末端幹部や除隊軍人らと共に党活動を強化するよう指示したと伝えた。

[80] U.S. Mission to the UN, "FACT SHEET: UN Security Council Resolution 2397 on North Korea.," 2017.12.22.
https://usun.usmission.gov/fact-sheet-un-security-council-resolution-2397-on-north-korea/

[81] "Guidance on the Democratic People's Republic of Korea Information Technology Workers," 2022.5.16.
https://home.treasury.gov/system/files/126/20220516_dprk_it_worker_advisory.pdf

[82] U.S. Army, 2020

[83] Chainanalysis, "2022 Crypto Crime Report." 2022.2.
https://blog.chainalysis.com/reports/north-korean-hackers-have-prolific-year-as-their-total-unlaundered-cryptocurrency-holdings-reach-all-time-high/

[84] David E. Sanger and William J. Broad "Trump Inherits a Secret Cyberwar Against North Korean Missiles", New York Times, 2017.3.4

[85] White House, "Statement by President Donald J. Trump on

North Korea," 2017.8.29.
https://trumpwhitehouse.archives.gov/briefings-statements/statement-president-donald-j-trump-north-korea/

[86] White House, "Remarks by President Trump to the 72nd Session of the United Nations General Assembly," 2017.9.19.
https://trumpwhitehouse.archives.gov/briefings-statements/remarks-president-trump-72nd-session-united-nations-general-assembly/

[87] Bob Woodward, 2020

[88] Bruce G. Blair, "The End of Nuclear Warfighting: Moving to a Deterrence-Only Posture," Program on Science and Global Security, Princeton University, 2018.9
https://www.globalzero.org/wp-content/uploads/2018/09/ANPR-Final.pdf

[89] Michael S. Schmidt, "Donald Trump v. The United States: Inside the Struggle to Stop a President," Random House, 2023 (with new afterword), p.426.

[90] The Wall Street Journal, "What Would Gates Do? A Defense Chief's Plan for North Korea", 2017.8.10

[91] Robert Kuttner, "Steve Bannon, Unrepentant: Trump's embattled strategist phones me, unbidden, to opine on China, Korea, and his enemies in the administration," the American Prospect, 2017.8.16
https://prospect.org/power/steve-bannon-unrepentant/

[92] U.S. National Archives, "Executive Order 12333--United States intelligence activities," 1981.12.4.
https://www.archives.gov/federal-register/codification/executive-order/12333.html

[93] 米海軍ホームページ
https://www.csp.navy.mil/michigan/About/

[94] Business Insider, "The monster nuclear submarine the US sent to South Korea looks like it might be packed with Navy SEALs", 2017. 10. 16

https://www.businessinsider.in/the-monster-nuclear-submarine-the-us-sent-to-south-korea-looks-l ike-it-might-be-packed-with-navy-seals/articleshow/61105076.cms

[95] Aaron Mehta, "Former SecDef Hagel: North Korea bloody nose strike a 'gamble' he wouldn't make," Defense News, 2018.1.31.

[96] 2017年８月15日　日本の植民地支配からの解放72年を記念する「光復節」の演説

[97] 共同通信「米朝会談に追加条件要請」2018年３月25日

[98] 下斗米伸夫『アジア冷戦史』中公新書、2004年、164頁

[99] "North Korea's Evolving Nuclear Doctrine: An Interview with Siegfried Hecker," 38 NORTH, 24 May, 2022.
https://www.38north.org/2022/05/north-koreas-evolving-nuclear-doctrine-an-interview-with-siegfried-hecker/

[100] 中期防は2022年12月に「防衛力整備計画」に改称し、対象期間は５年から10年に延長された。

[101] Minnie Chan, "North Korea using Russian satellite navigation system instead of GPS for missile launches, observers say," South China Morning Post, 18 January 2022

[102]「東亜日報」2014年８月２日

[103] CSIS, "The Capital Cable #45 with Sydney Seiler", 2022.4.7
https://www.csis.org/events/capital-cable-45-sydney-seiler,
https://www.voakorea.com/a/6519960.html

[104] U.S. Department of Defense, "2022 National Defense Strategy of the United States of America, including the 2022 Nuclear Posture Review and the 2022 Missile Defense Review," 27 October 2022.
https://media.defense.gov/2022/Oct/27/2003103845/-1/-1/1/2022-NATIONAL-DEFENSE-STRATEGY-NPR-MDR.PDF

[105] 消極的安全保障（NSAs：Negative Security Assurances）に関連する概念として、非核兵器国が核兵器による攻撃や威嚇を受けた場合に核兵器国が支援を与えることを約束する「積極的

安全保障（PSAs：Positive Security Assurances）」がある。

[106] 軍縮会議日本政府代表部サイト「消極的安全保障NSA」
https://www.disarm.emb-japan.go.jp/itpr_ja/chap5.html

[107] 朝鮮国連軍は1950年６月の朝鮮戦争の勃発を受けた国連安保理決議に基づき、同年７月、「武力攻撃を撃退し、かつ、この地域における国際の平和と安全を回復する」ことを目的に創設された。司令部は当初、米軍占領下の東京に置かれたが、休戦協定締結後の1957年にソウルに移転した。これに伴い、日本には後方司令部がキャンプ座間に置かれることになり、2007年に横田に移転した。外務省ホームページ「朝鮮国連軍と我が国の関係について」
https://www.mofa.go.jp/mofaj/na/fa/page23_001541.html

[108] "Basic Principles of State Policy of the Russian Federation on Nuclear Deterrence" The Ministry of Foreign Affairs of the Russian Federation, 8 June 2020
https://archive.mid.ru/en/web/guest/foreign_policy/international_safety/disarmament/-/asset_publisher/rp0fiUBmANaH/content/id/4152094

[109] 小泉悠『現代ロシアの軍事戦略』ちくま新書、2021年、266—275頁

[110] 2018年NPRは北朝鮮に関して「核兵器の技術や原料、専門知識を他の国家や非国家主体に移転した場合は必ず責任を取らせる」とも強調している。

[111] DIA, "North Korea Military Power," p26
https://www.dia.mil/Military-Power-Publications/

[112] 村野将『やっと発表、米「ミサイル防衛見直し（MDR）」を読み解く』（Wedge ONLINE、2019年２月１日）https://wedge.ismedia.jp/articles/-/15242

[113] 秋山信将・高橋杉雄編『「核の忘却」の終わり』勁草書房、2019年、241頁

[114] Henry F. Cooper, "North Korea Dreams of Turning Out the Lights," The Wall Street Journal, 2017.7.8
https://www.wsj.com/articles/north-korea-dreams-of-turning-

out-the-lights-1496960987

115 日本安全保障戦略研究所編著『日本人のための「核」大事典』国書刊行会、2018年、67頁

116 聯合ニュース、2023年1月5日

117 Microsoft, "Defending Ukraine: Early Lessons from the Cyber War," June 22,2022
https://aka.ms/June22SpecialReport

118 Peter Hayes, "Nuclear Command, Control and Communications in the Asia-Pacific," Global Asia Vol. 16, No. 2, June 2021, pp14–21.

119 Paul K. Davis & Bruce W. Bennett, "Nuclear-Use Cases for Contemplating Crisis and Conflict on the Korean Peninsula," Journal for Peace and Nuclear Disarmament, Volume 5, Issue sup1, 2022, pp24–49

120 William Burr & Thomas S. Blanton, "U.S. and Soviet Naval Encounters During the Cuban Missile Crisis," National Security Archive Electronic Briefing Book No. 75, October 31, 2002.

121 Jeffrey Lewis, "The 2020 Commission Report on the North Korean Nuclear Attacks Against the United States," Harper Paperbacks, 2018.

122 Robert M. Gates, "Duty: Memoirs of a Secretary at War," Borzoi Books and Alfred A. Knopf, 2014, p496

123 スコット・セーガン、ケネス・ウォルツ（川上高司監訳、斎藤剛訳）『核兵器の拡散――終わりなき論争』勁草書房、2017

124 H・R・マクマスター『戦場としての世界』日本経済新聞出版、2021年、374頁

125 Jung H. Pak, "Becoming Kim Jong Un," Ballantine Books, 2020, p83

126 Washington Post, "Russia's spies misread Ukraine and misled Kremlin as war loomed", 2022.8.19
https://www.washingtonpost.com/world/interactive/2022/russia-fsb-intelligence-ukraine-war/

[127] 李鍾元、2022年、52頁

[128] 2018年 NPR は北朝鮮に関して「核兵器の技術や原料、専門知識を他の国家や非国家主体に移転した場合は必ず責任を取らせる」とも強調している。

[129] House Hearing, 115th Congress - [H.A.S.C. No. 115-67] The National Defense Strategy and the Nuclear Posture Review, 2018.2.6
https://www.govinfo.gov/content/pkg/CHRG-115hhrg28970/pdf/CHRG-115hhrg28970.pdf

[130] Jia Qingguo, Peking University, "Time to prepare for the worst in North Korea",
https://www.eastasiaforum.org/2017/09/11/time-to-prepare-for-the-worst-in-north-korea/

[131] "Remarks by Dean Acheson Before the National Press Club", 1950.1.12
https://www.trumanlibrary.gov/library/research-files/remarks-dean-acheson-national-press-club?documentid=NA&pagenumber=1

[132] 『財界』オンライン、2021年6月25日
https://www.zaikai.jp/articles/detail/655/2/1/1

[133] White House, "FACT SHEET: Changes to U.S. Anti-Personnel Landmine Policy," 2022.6.21.
https://www.whitehouse.gov/briefing-room/statements-releases/2022/06/21/fact-sheet-changes-to-u-s-anti-personnel-landmine-policy/

[134] Chicago Council, "Growing US Divide on How Long to Support Ukraine," 2022.10.5.
https://globalaffairs.org/sites/default/files/2023-01/Ukraine%20Brief%20CMS%202.pdf

[135] "The 2022 Missile Defense Review: A Conversation with John Plumb," CSIS, 2022.11.14
https://www.csis.org/analysis/2022-missile-defense-review

[136] 防衛白書（2021年版）76頁

[137] Chicago Council, "Thinking Nuclear: South Korean Attitudes on Nuclear Weapons," 2022.2.
https://globalaffairs.org/sites/default/files/2022-02/Korea%20Nuclear%20Report%20PDF.pdf

[138] 韓国の中央日報は2017年９月11日付記事で朴槿恵政権時代の2016年10月、当時の趙太庸・国家安保室第１次長（尹錫悦政権で駐米大使に起用）が訪米した際にオバマ政権の国家安全保障会議（NSC）当局者に戦術核配備を要請したが、拒絶されたと報じた。

[139] 米韓相互防衛条約第２条「締約国は、いずれか一方の締約国の政治的独立又は安全が外部からの武力攻撃によつて脅かされているといずれか一方の締約国が認めたときはいつでも協議する。締約国は、この条約を実施しその目的を達成するため、単独に及び共同して、自助及び相互援助により、武力攻撃を阻止するための適当な手段を維持し発展させ、並びに協議と合意とによる適当な措置を執るものとする」（政策研究大学院大学・東京大学東洋文化研究所データベース「世界と日本」（代表：田中明彦）より）

[140] U.S. Department of State, "Secretary of State Rex Tillerson on 'Meeting the Foreign Policy Challenges of 2017 and Beyond' at the 2017 Atlantic Council-Korea Foundation Forum," 2017.12.12.

[141] Rex W.Tillerson, "Remarks to U.S. Department of State Employees," 2017.5.3

[142] "Top U.S. General Breaks Bread With Chinese Soldiers on North Korea's Doorstep," Wall Street Jounal, 2017.8.16.; "Dunford Stresses Diplomacy, Sanctions for North Korea in Talks With Chinese," DOD News, 2017.8.16.

[143] VOA, "Former Top US Commander in Korea Urges Allies to Include China in War Plans," 2022.1.11

[144] 有江浩一、山口尚彦「米国におけるIAMD（統合防空ミサイル防衛）に関する取組み」『防衛研究所紀要　第20巻第１号』2017年

[145] 今井和昌「専守防衛と「敵基地攻撃」――憲法上許される自衛の措置と必要最小限度の自衛力」『立法と調査450号』2022年10月3日、52頁
[146] 2017年3月13日の官房長官記者会見
[147] ブラッド.・ロバーツ（監訳・解説　村野将）『正しい核戦略とは何か――冷戦後アメリカの模索』勁草書房、2022年、109頁
[148] “The Capital Cable #63: North Korea in 2023 with Sydney Seiler”, CSIS, 2021.1.26.

このほか『世界年鑑　2022年』（共同通信）を参照した。岩波書店『世界』に掲載された筆者の短期連載「金正恩の選択」（2020年9～11月号）の内容も一部盛り込んだ。

ちくま新書
1718

金正恩の核兵器
——北朝鮮のミサイル戦略と日本

二〇二三年四月一〇日　第一刷発行

著者　井上智太郎（いのうえ・ともたろう）

発行者　喜入冬子

発行所　株式会社　筑摩書房
東京都台東区蔵前二-五-三　郵便番号一一一-八七五五
電話番号〇三-五六八七-二六〇一（代表）

装幀者　間村俊一

印刷・製本　三松堂印刷　株式会社

本書をコピー、スキャニング等の方法により無許諾で複製することは、法令に規定された場合を除いて禁止されています。請負業者等の第三者によるデジタル化は一切認められていませんので、ご注意ください。
乱丁・落丁本の場合は、送料小社負担でお取り替えいたします。
© INOUE Tomotaro, Kyodo News 2023　Printed in Japan
ISBN978-4-480-07548-2 C0231

ちくま新書

1664 国連安保理とウクライナ侵攻　小林義久
5常任理事国の一角をなすロシアの暴挙により、安保理は機能不全に陥った。拒否権という特権の成立から、国連を舞台にしたウクライナ侵攻を巡る攻防まで。

1668 国際報道を問いなおす――ウクライナ戦争とメディアの使命　杉田弘毅
メディアはウクライナ戦争の非情な現実とその背景を伝え切れたか。日本の国際報道が抱えるジレンマを指摘し、激変する世界において果たすべき役割を考える。

1688 社会主義前夜――サン＝シモン、オーウェン、フーリエ　中嶋洋平
格差によって分断された社会を、どのように建て直していくべきなのか。革命の焼け跡で生まれた、〝空想的〟でも〝社会主義〟でもない三者の思想と行動を描く。

1694 ソ連核開発全史　市川浩
史上最大の水爆実験から最悪の原発事故、原発大国ウクライナの背景まで。危険や困惑を深めながら推し進められたソ連の原子力計画の実態に迫る、かつてない通史。

1697 ウクライナ戦争　小泉悠
2022年2月、ロシアがウクライナに侵攻した。21世紀最大規模の戦争はなぜ起こり、戦場では何が起きているのか？　気鋭の軍事研究者が、その全貌を読み解く。

935 ソ連史　松戸清裕
二〇世紀に巨大な存在感を持ったソ連。「冷戦の敗者」「全体主義国家」の印象で語られがちなこの国の内実を丁寧にたどり、歴史の中での冷静な位置づけを試みる。

994 やりなおし高校世界史――考えるための入試問題8問　津野田興一
世界史は暗記科目なんかじゃない！　大学入試を手掛かりに、自分の頭で歴史を読み解けば、現在とのつながりが見えてくる。高校時代、世界史が苦手だった人、必読。